KAZEKOBO'S FAVORITE

風工房のMOTIF
美麗嚴選・織片花樣150款

Contents

鉤織織片只需要少許的毛線與時間，就可以享受編織的樂趣，而且花樣非常豐富可愛。

將零星鉤織的數枚織片接起，就成了圍巾，再多加幾片就可以拼接成披肩或蓋毯。
不論在哪裡止步都能成型，只要更換線材的粗細或稍稍改變一下顏色，一點點不同就能作出各式各樣的變化。

基本中的基本款──以長針織成的復古花樣，其實是因為捨不得丟掉織剩的毛線，
於是就一邊享受顏色搭配的樂趣，一邊積少成多的鉤織起來備用。
就算帶點強烈對比的配色也無妨。一旦拼接之後，就會蛻變成一件完美的絢麗織品。

夢想著將來一定要拼接成一件大毛毯。
喏，織好一片了！

風工房

Using just one yard of left-over yarn, one set of crochet hooks,
and the most basic of crochet techniques - chain stitch and single crochet - you can
make a delightful small motif in no time at all.

Simply by using different colors, materials or thickness of yarns you can
easily create new motif designs. The possibilities are endless.

The lovely 'Granny motif' is a perennial favorite all over the world.
This simple crochet technique is as popular as ever, so why not collect
a stock of many different colored yarns and make one new motif per day? Then
just imagine all the many possibilities you could create by joining
your collection of motifs together? Let's explore.

Circle

圓形

Circle

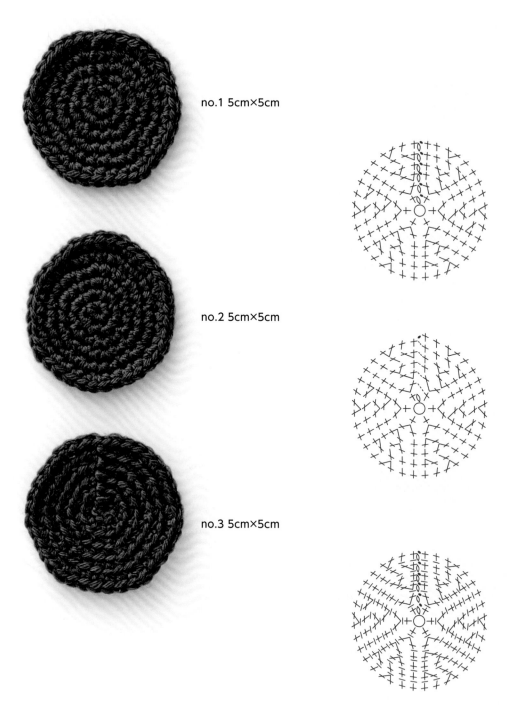

no.1 5cm×5cm

no.2 5cm×5cm

no.3 5cm×5cm

Arrangement 拼接織片

僅以短針編織的單純圓形織片，加上豐富多彩
的配色後拼接而成。鉤織立起針的織片、不鉤
立起針織出宛如漩渦般的圖案，或是織成條紋
般的配色織片。利用多變的配色，讓各織片的
特色更加顯眼。織圖請見P.111。

Arrangement of no.1 to 3 : Page 111
Various colorful single crochet circle
motifs joined together. Colorful
combinations add to their unique
features.

Circle

Circle

no.4 3cm×3cm

no.5 4.5cm×4.5cm

no.6 3cm×3cm

no.7 4.5cm×4.5cm

Circle

Arrangement 拼接織片

僅使用黑白兩色，將P.8的織片變化出各式各樣
的圖案。極盡簡單的織片，藉由顏色與配色的
有無，以及織片的組合，呈現出與原本模樣截
然不同的印象。織圖請見P.104。

Arrangement of no.4 to 7 : Page 104
Variation of the motif on page 8.
The simpler the motif, the greater
the difference is in using color and
combination with other motifs.

Circle

no.8 6.5cm×6.5cm

no.9 7cm×7cm

no.10 13cm×13cm

Circle

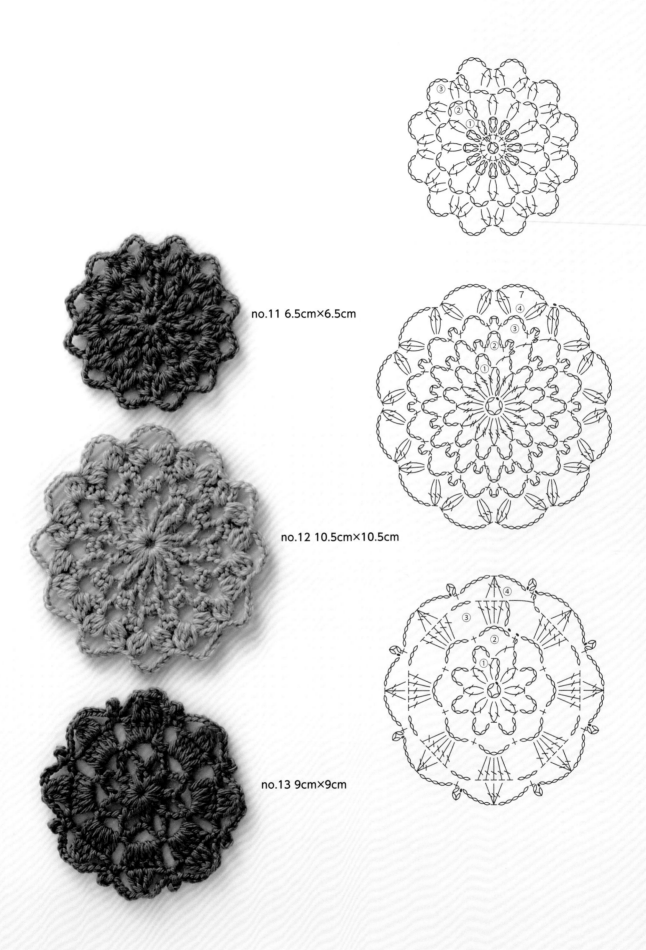

no.11 6.5cm×6.5cm

no.12 10.5cm×10.5cm

no.13 9cm×9cm

Circle

no.14 8.5cm×8.5cm

no.15 4.5cm×4.5cm

✚＝挑起針的鎖針半針與
裡山鉤織。

no.16 10cm×10cm

Circle

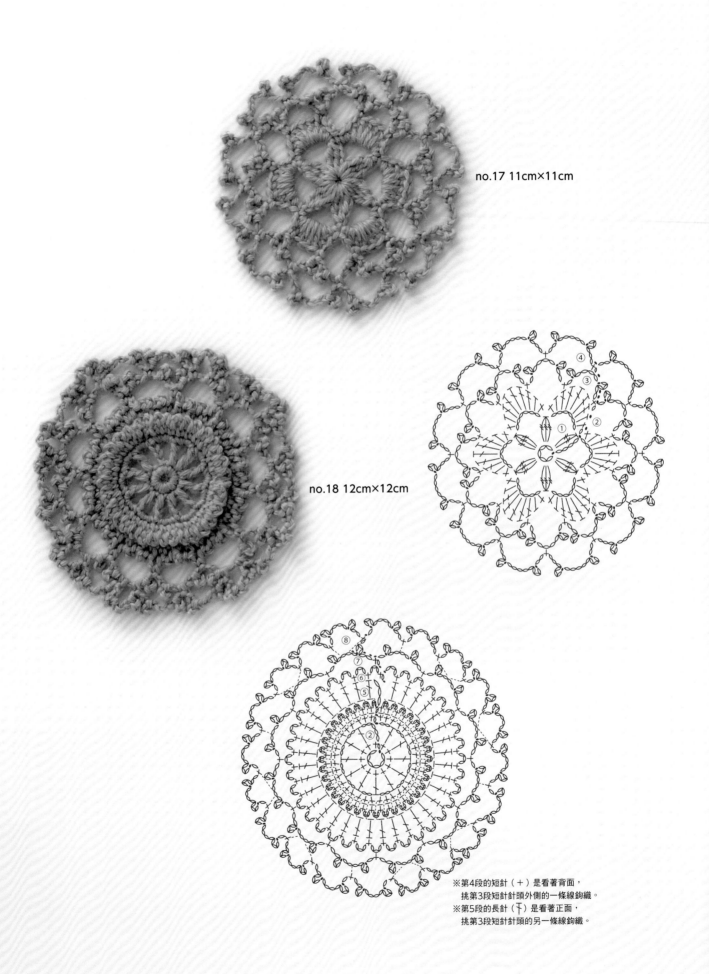

no.17 11cm×11cm

no.18 12cm×12cm

※第4段的短針（＋）是看著背面，
　挑第3段短針針頭外側的一條線鉤織。
※第5段的長針（〒）是看著正面，
　挑第3段短針針頭的另一條線鉤織。

Circle

Arrangement 拼接織片
大、中、小織片的組合。決定好主要的大織片
之後，接著像是拼圖一樣，以中小型織片填繞
其間。將大織片中央的花樣視為小織片使用，
新的織片花樣就此誕生！織圖請見P.106。

Arrangement of no.28 to 30 etc. :
Page106 Combination of various sizes.
Motifs are fitted together like a jig-saw
puzzle around the main motif.

Circle

以六種圖形織片拼接而成。看起來之所以像是
使用了更多款式的織片，是因為不止更換配色
與織片的組合，織片的排列方式也加以改變的
緣故。只要每隔三段上下比較，即可明白。織
圖請見P.105。

Arrangement 拼接織片

Arrangement of no. 17, 21 etc. : Page 105
A combination of six different types of
circle motifs. Color and combination of
the motifs create the intricate look.

Circle

no.19 10.5cm×10.5cm

no.20 6cm×6cm

no.21 10cm×10cm

Circle

no.22 9.5cm×9.5cm

no.23 4cm×4cm

no.24 10.5cm×10.5cm

Circle

no.25 10.5cm×10.5cm

Arrangement 拼接織片

重複鉤織no.25的花樣，織片就會逐漸加大並往外展開。再加上配色的變化，彷彿變了個花樣似的令人備感期待。只要掌握了擴大織片的加針訣竅，就能應用在其他花樣上面。織圖請見P.106。

Arrangement of no.25 : Page 106
The pattern from motif no. 25 repeated and slightly enlarged. Use of color gives a totally different look. This approach can be applied to other motifs.

Circle

no.26 12cm×12cm

Arrangement 拼接織片
將圓形織片擴編成四方形。自中心的圓形開始
向外展開，周圍以網狀編鉤織出宛如蕾絲的
成品。大型的四方形織片拼接之後即可作出
背心等衣物，應用的範圍相當廣泛。織圖請見
P.107。

Arrangement of no.26 : Page 107
A round motif made square. The chain
mesh creates a lacey finish.

Circle

no.27 9cm×9cm

no.28 9cm×9cm

no.29 9cm×9cm

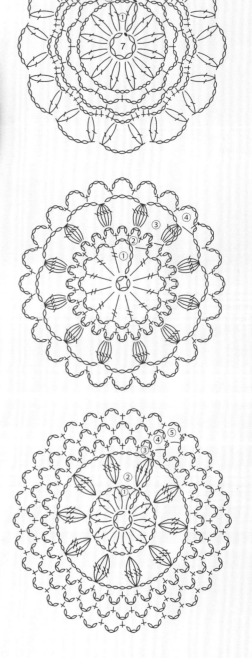

Circle

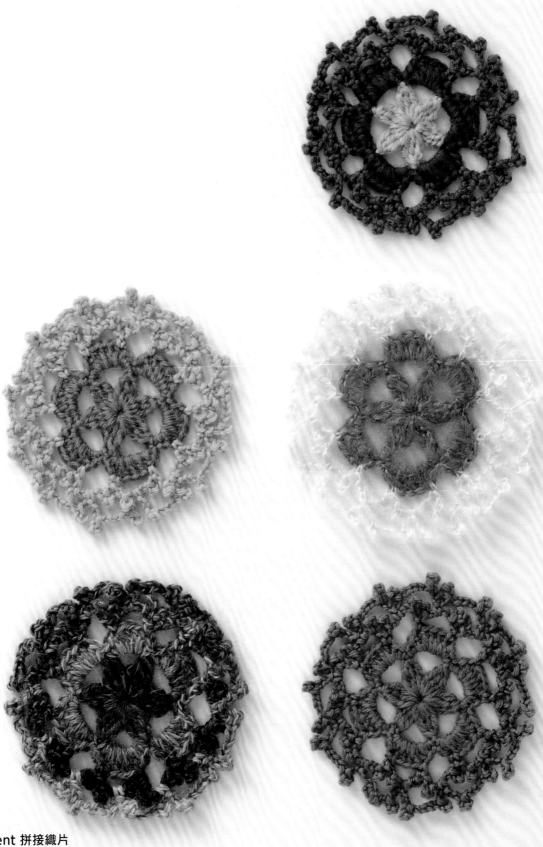

Arrangement 拼接織片

混搭各種不同的線材或顏色來鉤織一片織片。要
織成衣服？還是作成小物？要使用毛線？或是毛
海呢？這是在眼花撩亂的選擇中，逐一作出決定
的愉快鉤織時光。織圖請見P.108。

Arrangement of no. 17 : Page 108
The same motif made using different
material and color. The process of
deciding "what to make with which
material" is always fun.

Circle

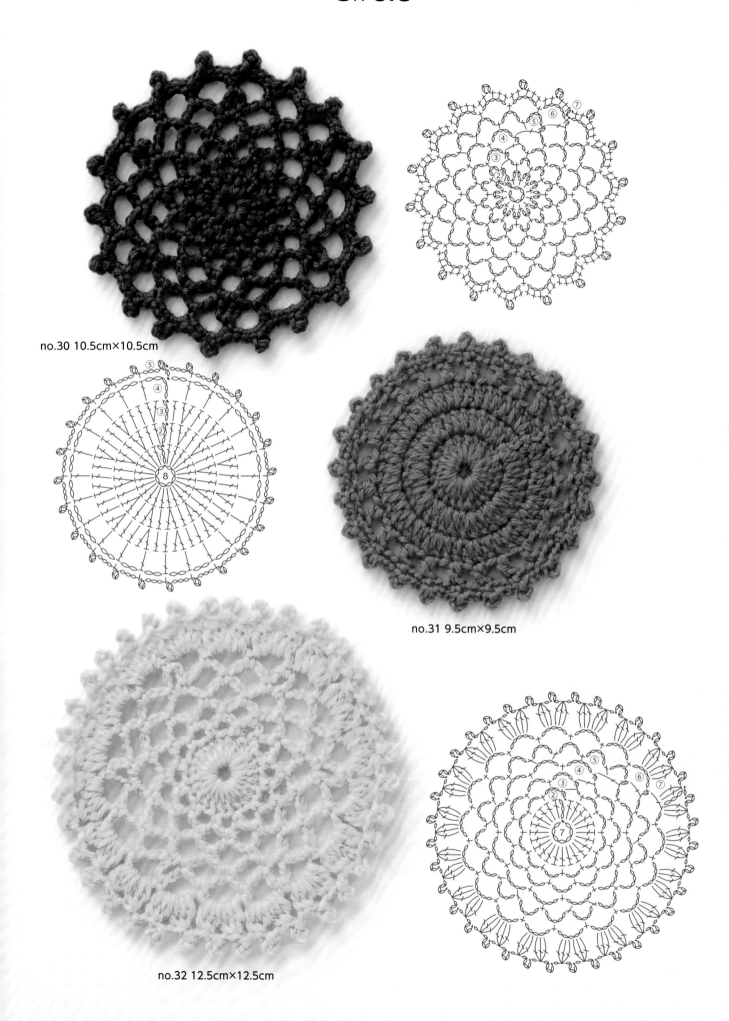

no.30 10.5cm×10.5cm

no.31 9.5cm×9.5cm

no.32 12.5cm×12.5cm

Circle

no.33 10.5cm×10.5cm

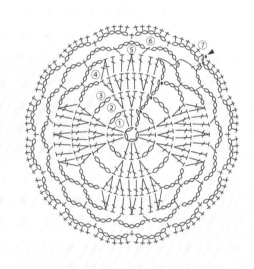

no.34 13.5cm×13.5cm

※第3段的長針是挑前段1針鎖針的
半針與裡山編織。

Square

四方形

Square

no.1 4cm×4cm

no.2 5.5cm×5.5cm

no.3 5cm×5cm

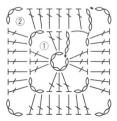

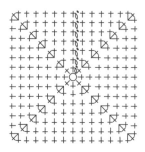

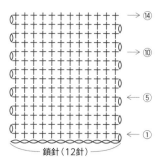

鎖針（12針）

Square

no.4 2.5cm×2.5cm　　no.5 2.5cm×2.5cm　　　no.6 4cm×4cm　　　no.7 4.5cm×4.5cm

  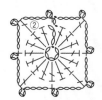 

Square

no.8 7cm×7cm

no.9 7cm×7cm

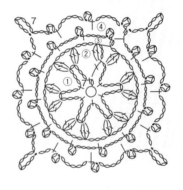

no.10 8cm×8cm

Square

no.11 7.5cm×7.5cm

no.12 8.5cm×8.5cm

no.13 9.5cm×9.5cm

Square

Arrangement 拼接織片

拼接容易，配色也極為簡單的四方形織片。組合的變化更是無限寬廣。首先，以同色系的深淺配色來鉤織no.11中央的花樣，接著再以整齊的引拔針拼接起來。織圖請見P.108。

Arrangement of no.11 : Page 108
Square motifs are easy to join and the color combination is unlimited. Same colors with different shades are placed in the middle and joined using slip stitch.

Arrangement 拼接織片

將不同大小的四方形織片排列成市松模樣（棋盤格狀），並加上變化後拼接而成。大織片為完整的no.32，小織片則是織到第4段為止。織圖請見P.109。

Arrangement of no.32 : Page 109
Squares of different sizes are placed to form a checkered pattern. The larger motif is a complete motif while the smaller one goes only to row 4.

Square

毛海是一種能帶出柔和氛圍的良好素材。色彩鮮豔的配色,透過相同顏色的最
終段營造出統一感。先織好中央的毛海花樣,試行排列後再拼接而成即可。織
圖請見P.110。

Arrangement 拼接織片

Arrangement of no. 13 : Page 110
The softness of mohair is also nice. Consistency is achieved by
using the same color for the last row.

Square

no.14 7cm×7cm

no.15 5cm×5cm

no.16 7.5cm×7.5cm

Square

Arrangement 拼接織片
以每一段都換色鉤織的織片拼接而成。巧妙整
合多彩配色的訣竅，在於拼接相鄰織片時，要
選擇有共通色彩元素的。只要拼接幾片，即可
完成一條圍巾。織圖請見P.109。

Arrangement of no.14 : Page 109
Motifs using different colors for every
row. The key to keep control over the
various colors is to create commonality
with colors used in the adjacent motif.

Square

no.17 12.5cm×12.5cm

Square

no.18 6.5cm×6.5cm

no.19 7.5cm×7.5cm

no.20 9.5cm×9.5cm

Square

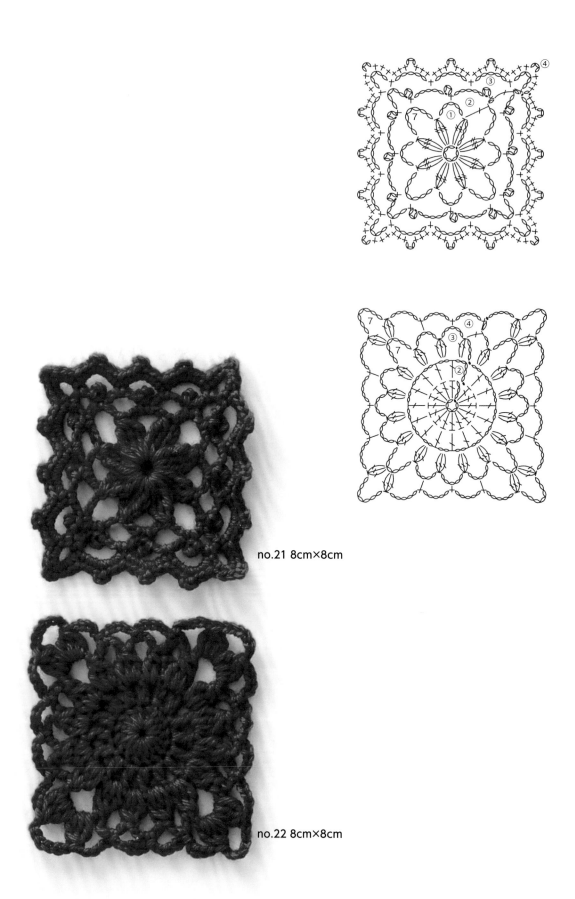

no.21 8cm×8cm

no.22 8cm×8cm

Square

no.23 9.5cm×9.5cm

no.24 9.5cm×9.5cm

Square

no.25 7.5cm×7.5cm

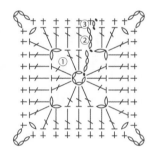

no.26 4.5cm×4.5cm

no.27 10cm×10cm

Square

no.28 7cm×7cm

no.29 8cm×8cm

no.30 7.5cm×7.5cm

Square

Arrangement 拼接織片
四方形織片與圓形織片的組合。只使用四方形織片
拼接而成的作品，呈現出實在的緊密感；與其他織
片拼接時，則變成整齊俐落的感覺。以不同的組合
來創造更多的樂趣吧！織圖請見P.111。

Arrangement of no.23,34 : Page 111
Combination of square and circle motifs.
Enjoy the density of the squares joined
together with the neat spaces created by
joining it with other motifs.

Arrangement 拼接織片
充滿懷舊感的傳統方形織片（Granny motif），
是我最喜愛的花樣之一。只要運用捲針拼縫，即可
將平常心血來潮時零星織好的織片，一邊審視整體
的均衡感，一口氣拼接完成。織圖請見P.118。

Arrangement of no. 36 : Page 118
The popular "Granny motif" is one of my
favorite. Motifs can be made over time and
then joined all together using whip stitch.

Square

no.31 9cm×9cm

no.32 9.5cm×9.5cm

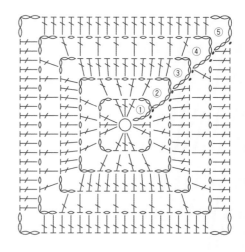

Square

no.33 9cm×9cm

no.34 5.5cm×5.5cm

no.35 10cm×10cm

Square

no.36 7cm×7cm

no.37 7.5cm×7.5cm

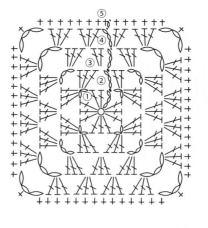

Square

no.38 6cm×6cm

no.39 6cm×6cm

no.40 9cm×9cm

Square

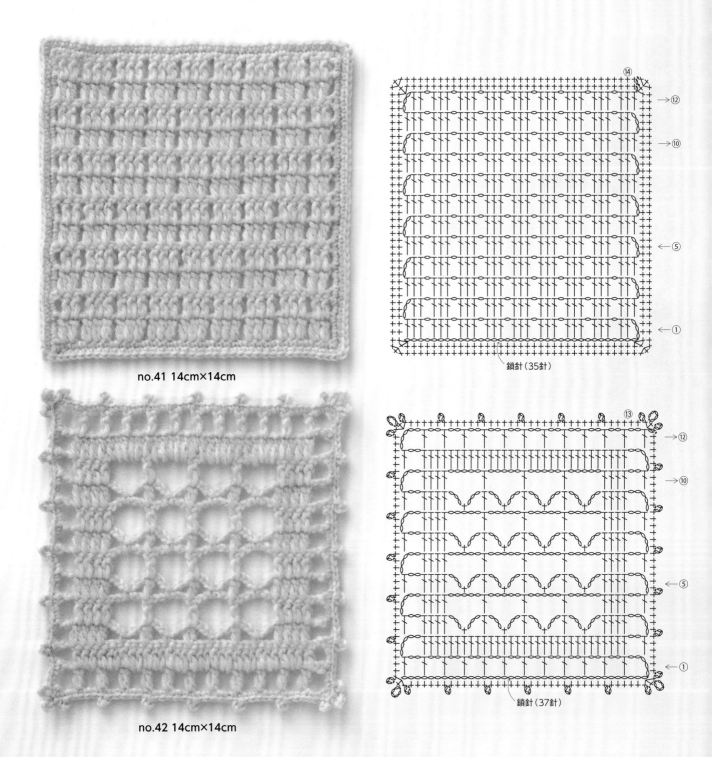

no.41 14cm×14cm

鎖針（35針）

no.42 14cm×14cm

鎖針（37針）

Square

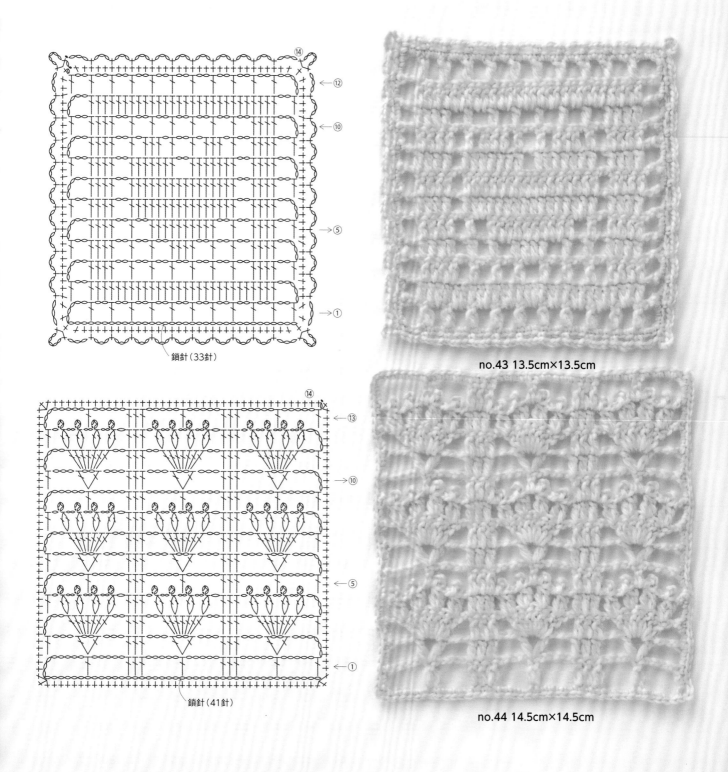

鎖針（33針）

no.43 13.5cm×13.5cm

鎖針（41針）

no.44 14.5cm×14.5cm

Square

no.45 12cm×12.5cm

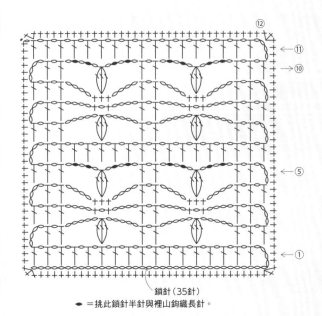

鎖針（35針）
● ＝挑此鎖針半針與裡山鉤織長針。

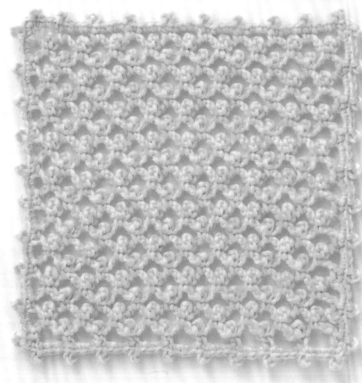

no.46 14cm×14cm

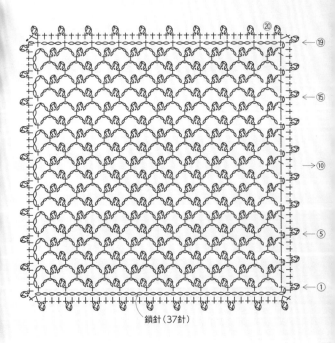

鎖針（37針）

Arrangement 拼接織片

由於方眼編織片是重複編織的花樣，所以能輕
易改變織片大小。右頁作品是直接拼接四種織
片完成的膝上毯，織片花樣與配色皆以固定順
序反覆鉤織。織圖請見P.112。

Arrangement of no. 41, 43 etc. : Page 112
Filet crochet motif is a repeated pattern
and easy to change the size of motif.
The four types are joined to become
throws.

Tria

ngle & Polygon

三角形與多角形

Triangle & Polygon

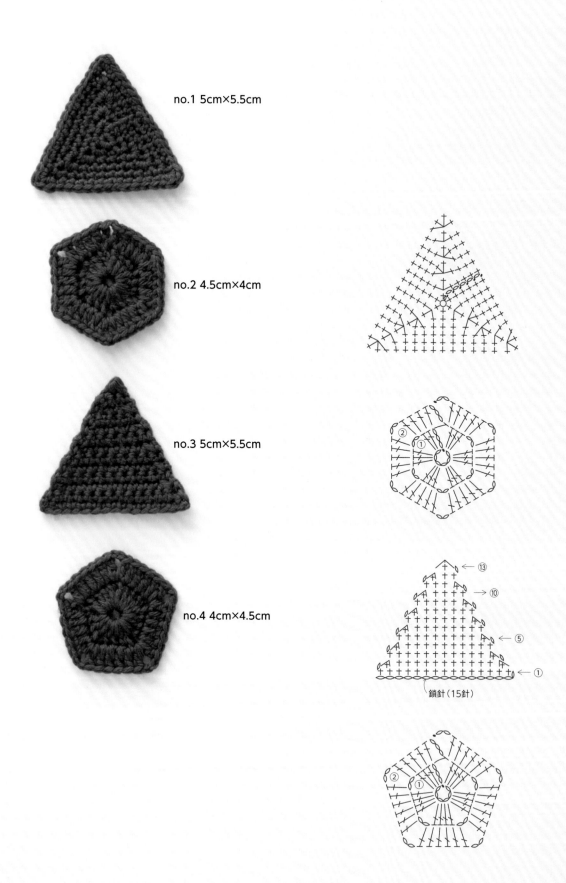

no.1 5cm×5.5cm

no.2 4.5cm×4cm

no.3 5cm×5.5cm

no.4 4cm×4.5cm

鎖針（15針）

Triangle & Polygon

Arrangement 拼接織片

分別拼接P.52的四種織片。拼接的捲針縫使用
了與織片不同的顏色,讓組合織片顯得更有層
次。要如何處理單純的織片呢?該是您大顯身
手的時候了!織圖請見P.113。

Arrangement of no. 1 to 4 : Page 113
Polygons on page 52 joined together.
An accent color is used for the whip
stitch. This simple motif can be arranged
anyway you wish.

Triangle & Polygon

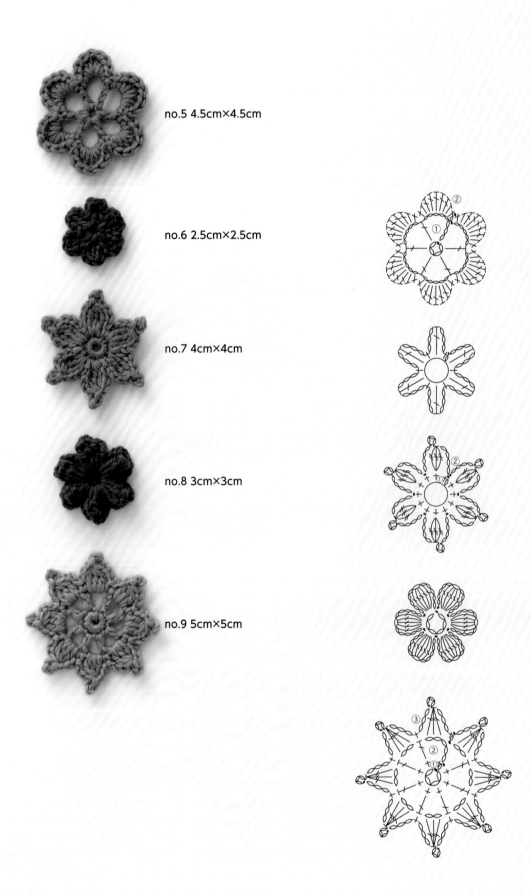

no.5 4.5cm×4.5cm

no.6 2.5cm×2.5cm

no.7 4cm×4cm

no.8 3cm×3cm

no.9 5cm×5cm

Triangle & Polygon

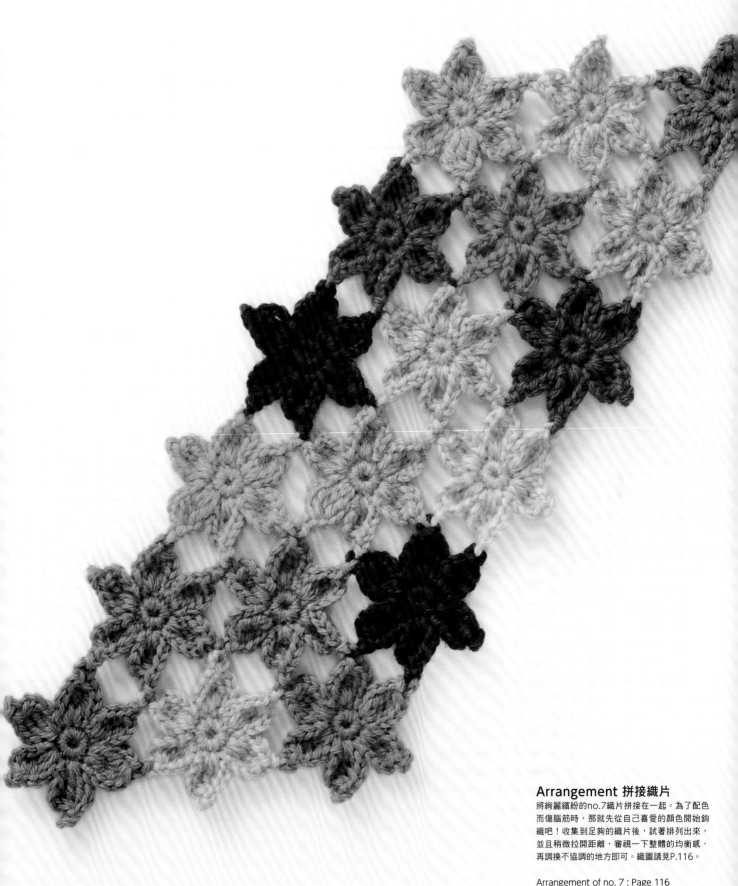

Arrangement 拼接織片

將絢麗繽紛的no.7織片拼接在一起。為了配色
而傷腦筋時，那就先從自己喜愛的顏色開始鉤
織吧！收集到足夠的織片後，試著排列出來，
並且稍微拉開距離，審視一下整體的均衡感，
再調換不協調的地方即可。織圖請見P.116。

Arrangement of no. 7 : Page 116
Motif No.7 arranged colorfully. Try your
favorite color when you become lost
finding the right combination.

55

Triangle & Polygon

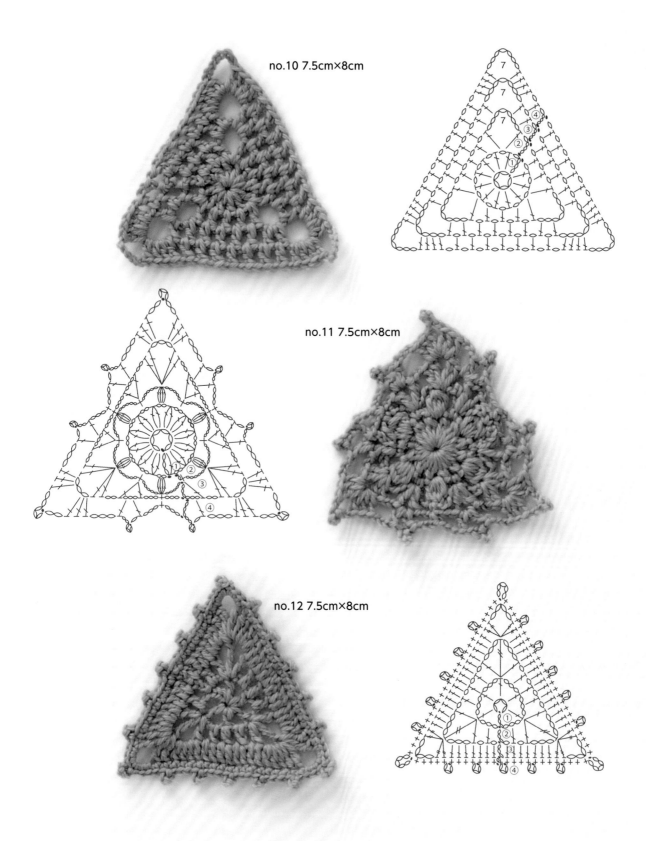

no.10 7.5cm×8cm

no.11 7.5cm×8cm

no.12 7.5cm×8cm

Triangle & Polygon

no.13 7cm×7.5cm

no.14 8cm×8.5cm

no.15 10cm×11cm

Triangle & Polygon

Arrangement 拼接織片

集結數種多角形織片，並且以暖色系的配色加
以拼接而成。各種不同的形狀結合之後，宛如
秋日楓紅般美麗純粹。將大織片織到一半就收
針，即可作為小織片使用。織圖請見P.114。

Arrangement of no.10, 30 etc. : Page 114
Polygons in warm colors joined together
look like autumn leaves. Incomplete
motifs are used for the smaller motifs.

Triangle & Polygon

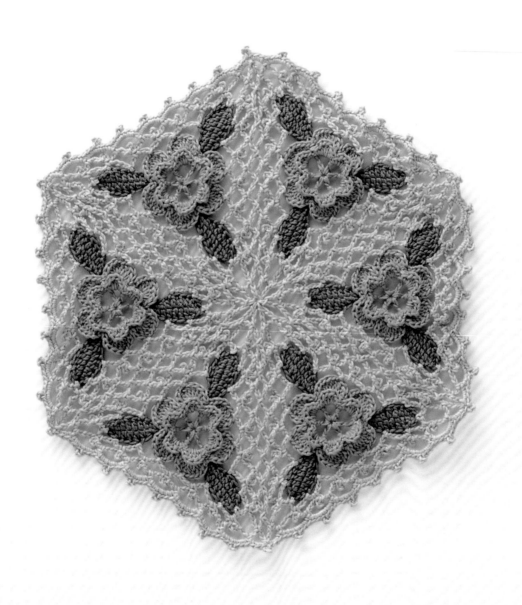

Arrangement 拼接織片
拼接六片三角形織片，成為六角形。利用配色
鉤織no.16的葉片與花朵，將原本毫不起眼的
單色織片變得亮眼鮮明，引人矚目。立體織片
亦增添其趣味性。織圖請見P.115。

Arrangement of no.16 : Page 115
Triangular motifs joined to form a
hexagon. Different colors are used for
motif no.16,where now the leaf and
flower stand out.

Triangle & Polygon

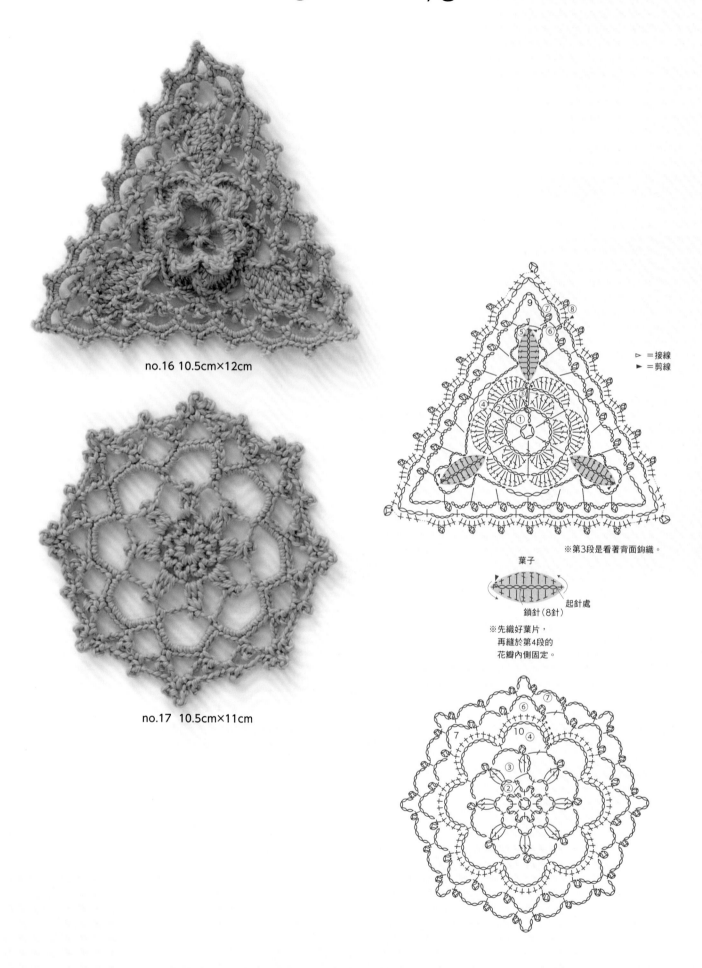

no.16 10.5cm×12cm

no.17 10.5cm×11cm

▷ =接線
► =剪線

※第3段是看著背面鉤織。

葉子
鎖針（8針）
起針處

※先織好葉片，
再縫於第4段的
花瓣內側固定。

Triangle & Polygon

no.18 3cm×3cm

no.19 2.5cm×2.5cm

no.20 3cm×3cm

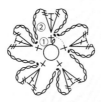

Triangle & Polygon

no.21 5.5cm×5.5cm

no.22 7.5cm×8cm

no.23 7cm×7cm

Triangle & Polygon

no.24 9cm×9cm

no.25 9cm×8cm

no.26 9.5cm×8.5cm

Triangle & Polygon

Arrangement 拼接織片
以柔和的色彩鉤織了如星星、花朵般的織片。
於是又想嘗試其他顏色來編織……就這樣一片
一片將織片拼接起來。所謂的粉彩色調，正是
這般溫柔又可愛的色彩。織圖請見P.116。

Arrangement of no. 21, 28, 38 : Page 116
Trying out motifs leads me to make them
in different colors and joining them. Soft
pastel colors are also nice.

Triangle & Polygon

Arrangement 拼接織片

只要一提到六角形，應該會有很多人立刻聯想
到雪花結晶吧！從六角形織片中，挑選出宛
如雪花結晶的圖案，並試著以羊毛、毛海、
蕾絲線等各種不同的線材來編織。織圖請見
P.116。

Arrangement of no. 32, 33 etc. : Page 116
Hexagons remind us of snowflakes.
Snowflakes made from wool, mohair,
cotton and more.

Triangle & Polygon

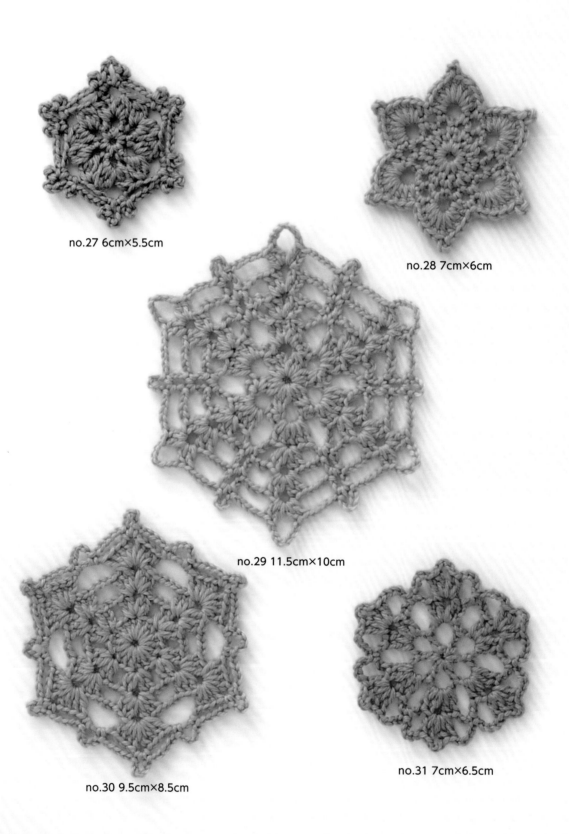

no.27 6cm×5.5cm

no.28 7cm×6cm

no.29 11.5cm×10cm

no.30 9.5cm×8.5cm

no.31 7cm×6.5cm

Triangle & Polygon

Triangle & Polygon

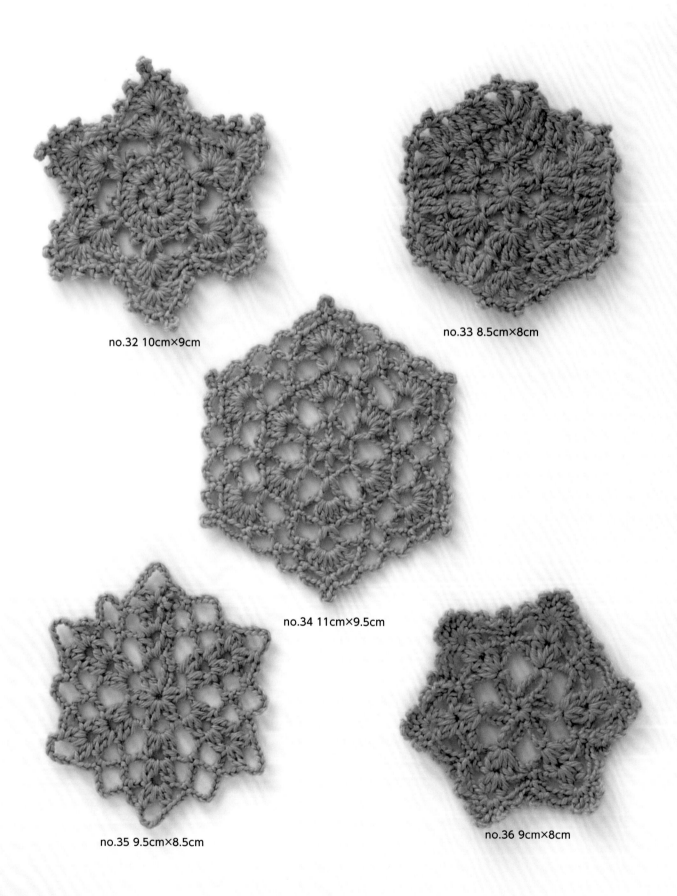

no.32 10cm×9cm

no.33 8.5cm×8cm

no.34 11cm×9.5cm

no.35 9.5cm×8.5cm

no.36 9cm×8cm

Triangle & Polygon

69

Triangle & Polygon

no.37 9.5cm×9.5cm

no.38 6.5cm×6.5cm

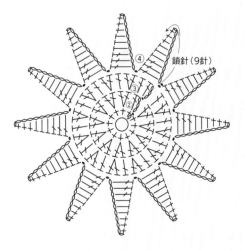

鎖針（9針）

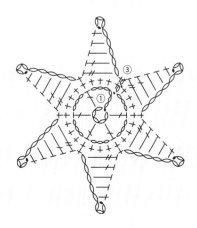

Triangle & Polygon

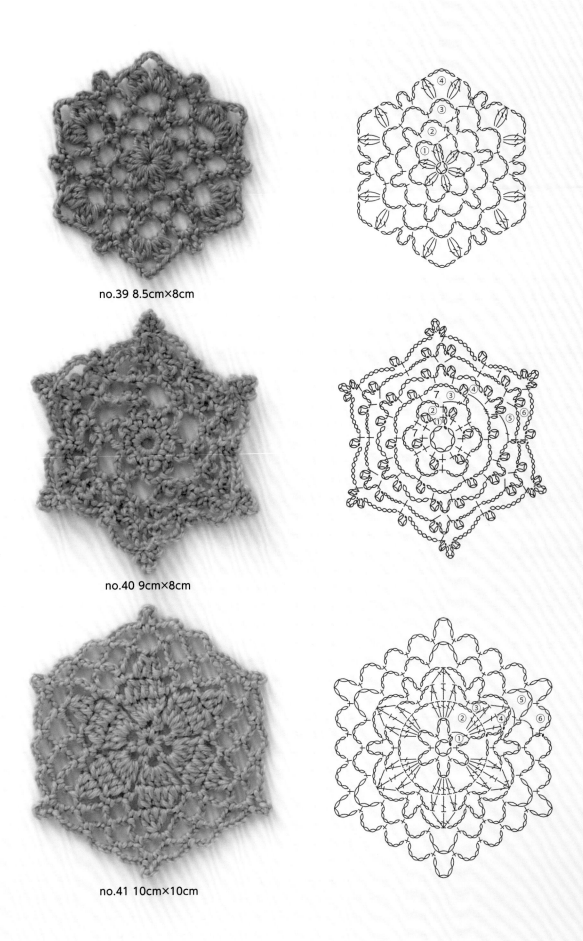

no.39 8.5cm×8cm

no.40 9cm×8cm

no.41 10cm×10cm

Triangle & Polygon

Arrangement 拼接織片

如何運用拼接織片為衣物加分，是鉤織時的重點。拼接織片時，可在上下方鉤織緣編填補空隙；或直接利用三角形的形狀作為緣飾等。織圖請見P.117。

Arrangement of no. 13, 14, 39 : Page 117
How to use joined motifs can become a key factor in making garments. Triangles is a delightful motif for edging.

Triangle & Polygon

Arrangement 拼接織片

中間的拼接織片，是在上側空隙鉤織鎖針與
三捲長針完成串接。即使只拼接一排也能創
作出可愛的形狀，這正是拼接織片的樂趣所
在。接下來該嘗試拼接何種織片呢？織圖請見
P.118。

Arrangement of no. 17, 18, 27 : Page 118
The center motif is joined together by
filling in the upper space with chain
stitches. Which motif will come next?

Irish crochet

愛爾蘭蕾絲

Irish crochet

no.1 4cm×4cm   no.2 10cm×5.5cm   no.3 5.5cm×5.5cm

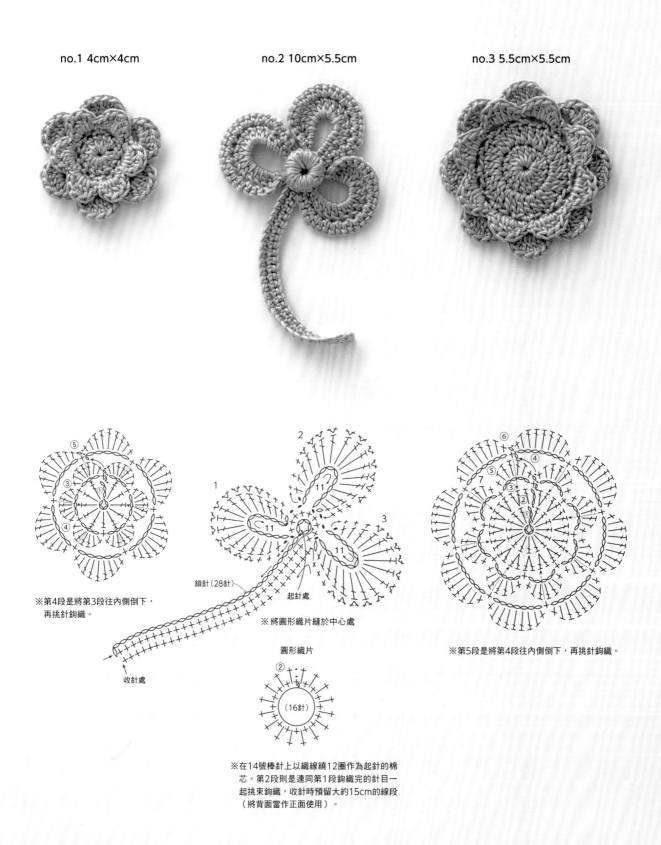

※第4段是將第3段往內側倒下，
　再挑針鉤織。

鎖針（28針）

起針處

收針處

※將圓形織片縫於中心處

圓形織片

（16針）

※第5段是將第4段往內側倒下，再挑針鉤織。

※在14號棒針上以織線繞12圈作為起針的棉
　芯。第2段則是連同第1段鉤織完的針目一
　起挑束鉤織，收針時預留大約15cm的線段
　（將背面當作正面使用）。

Irish crochet

no.5 10cm×10cm

no.4 5.5cm×5.5cm

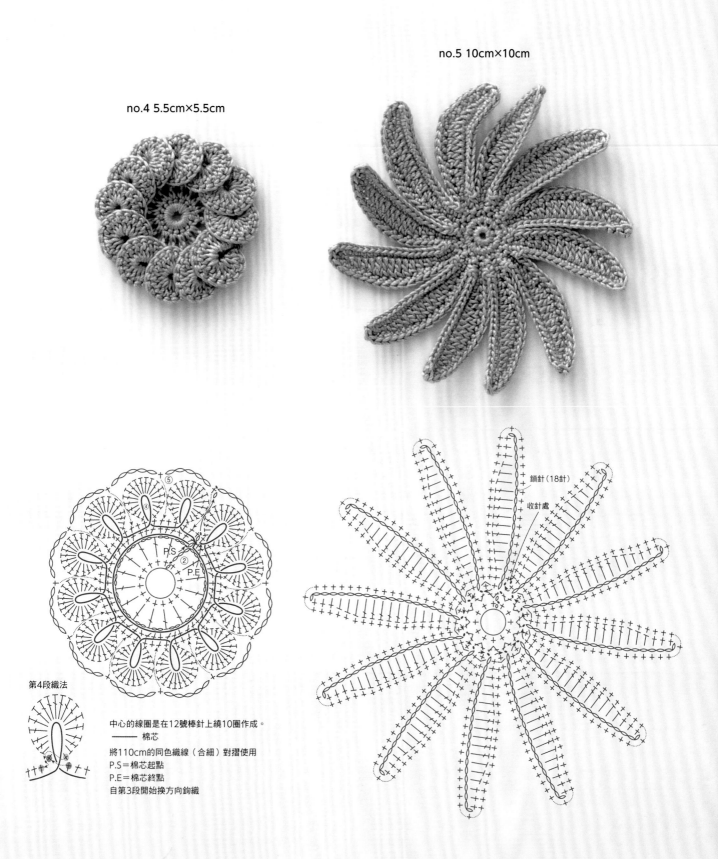

第4段織法

中心的線圈是在12號棒針上繞10圈作成。
—— 棉芯
將110cm的同色織線（合細）對摺使用
P.S＝棉芯起點
P.E＝棉芯終點
自第3段開始換方向鉤織

鎖針（18針）
收針處

Irish crochet

no.6 5cm×4.5cm   no.7 3cm×3.5cm   no.8 5.5cm×3.5cm

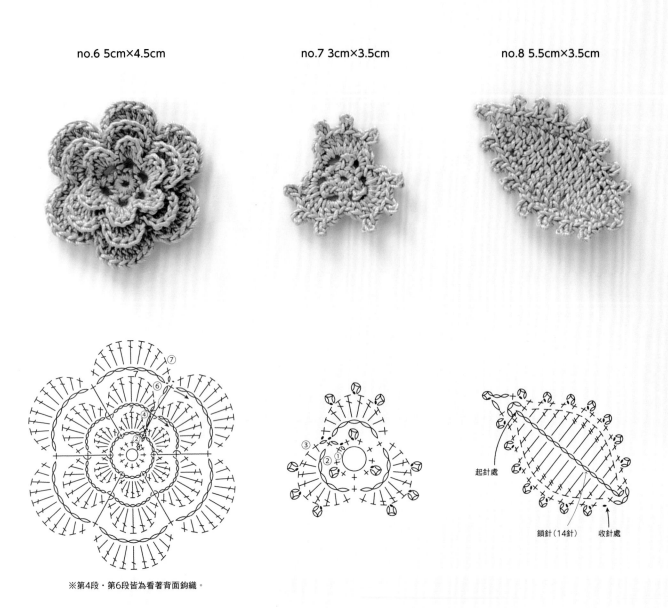

※第4段・第6段皆為看著背面鉤織。

Irish crochet

no.9 3.5cm×3.5cm   no.10 4.5cm×4.5cm   no.11 5.5cm×4cm

※第3段·第5段皆為看著背面鉤織。

收針處   起針處

Irish crochet

no.12 7.5cm×7.5cm   no.13 4.5cm×2.5cm   no.14 5cm×4cm

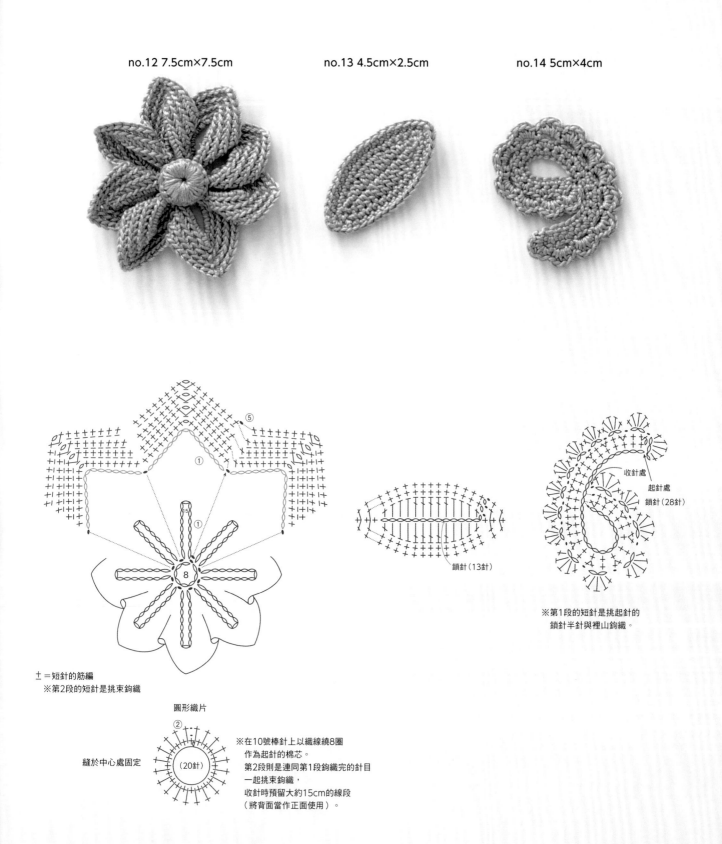

±＝短針的筋編
※第2段的短針是挑束鉤織

鎖針（13針）

收針處
起針處
鎖針（28針）

※第1段的短針是挑起針的
鎖針半針與裡山鉤織。

圖形織片

縫於中心處固定

（20針）

※在10號棒針上以織線繞8圈
作為起針的棉芯。
第2段則是連同第1段鉤織完的針目
一起挑束鉤織，
收針時預留大約15cm的線段
（將背面當作正面使用）。

Irish crochet

no.16 8cm×8.5cm

no.15 5.5cm×5.5cm

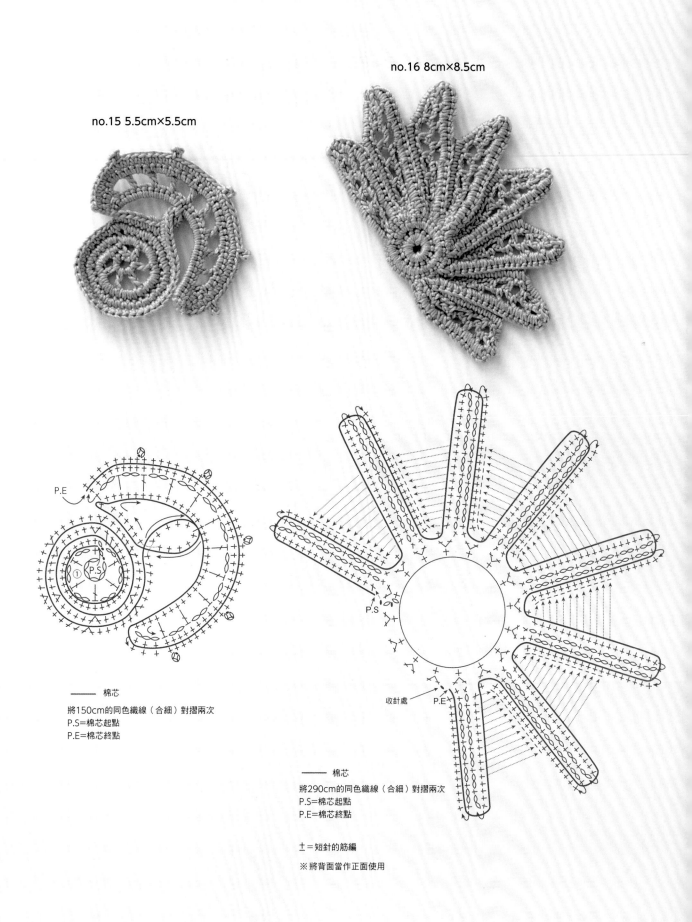

P.E

P.S

① P.S

—— 棉芯
將150cm的同色織線（合細）對摺兩次
P.S=棉芯起點
P.E=棉芯終點

P.S

收針處   P.E

—— 棉芯
將290cm的同色織線（合細）對摺兩次
P.S=棉芯起點
P.E=棉芯終點

士 =短針的筋編

※將背面當作正面使用

Irish crochet

no.17 6cm×5.5cm

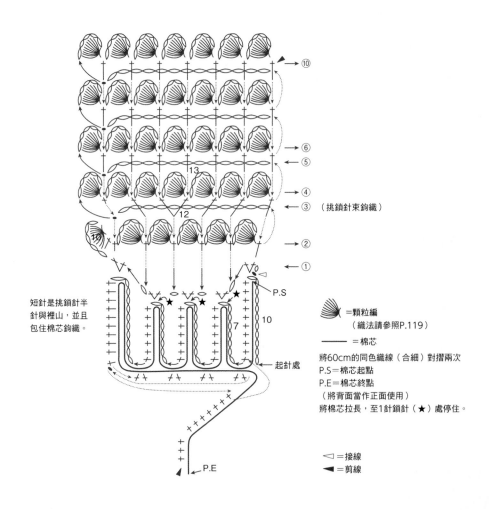

短針是挑鎖針半
針與裡山,並且
包住棉芯鉤織。

P.S

起針處

P.E

（挑鎖針束鉤織）

=顆粒編
（織法請參照P.119）

——— =棉芯

將60cm的同色織線（合細）對摺兩次
P.S＝棉芯起點
P.E＝棉芯終點
（將背面當作正面使用）
將棉芯拉長,至1針鎖針（★）處停住。

=接線

=剪線

Irish crochet

Arrangement 拼接織片

看似複雜難懂的愛爾蘭蕾絲織片，也有簡單的
款式。若沒有自信能夠完成一件衣服，可以織
兩片像這樣組合花樣的大織片，內側加上布袋
縫製成包包，也是個不錯的構想。織圖請見
P.119。

Arrangement of no. 4, 12 etc : Page 119
Irish crochet motifs have an intricate
look, but some are simple. If you are
not ready for a garment, making two of
these into a bag could be a nice project.

Irish crochet

no.18 4.5cm×4.5cm

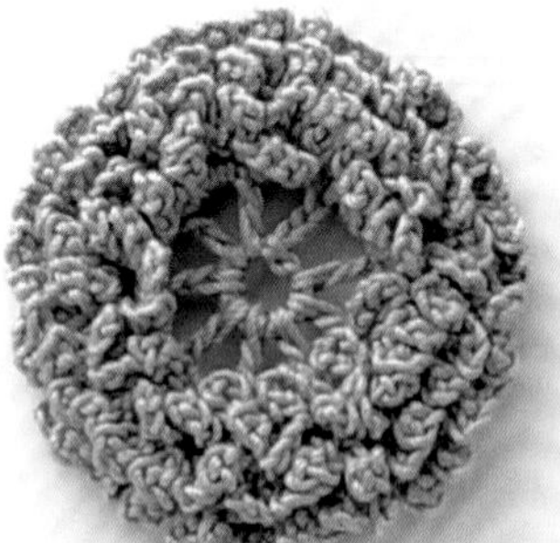

no.19 3cm×3cm

no.20 4cm×5.5cm

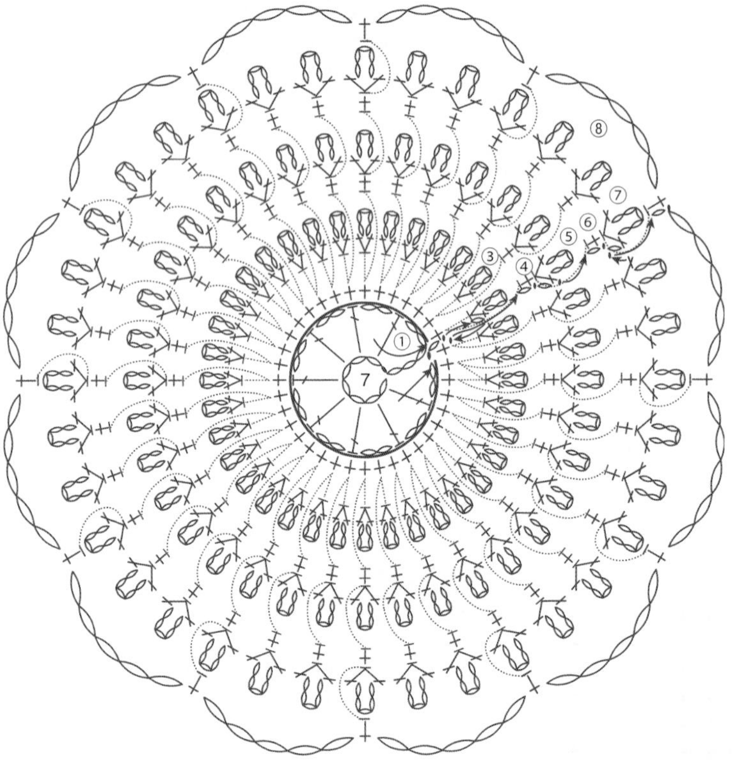

第2段為挑第1段
短針的外側1條線
編織。

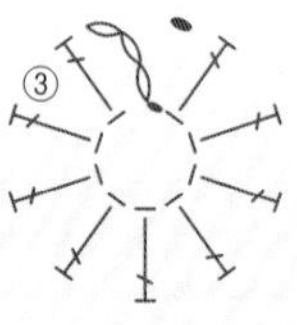

③

挑第1段短針
另1條線鉤織。

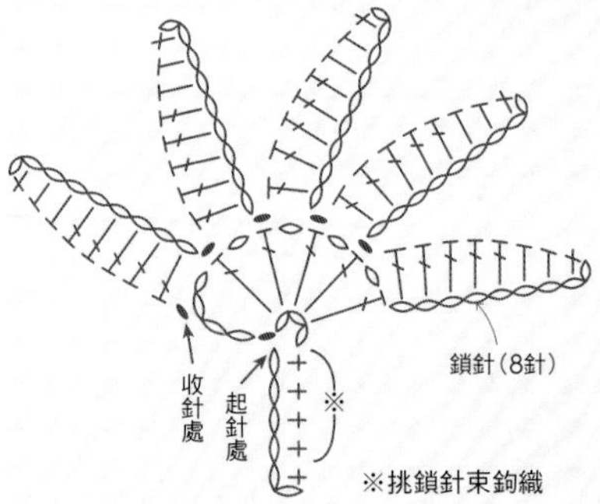

—— 棉芯

將30cm的同色織線（合細）對摺使用。

P.S＝棉芯起點

P.E＝棉芯終點

※要在前一段的1針中挑針鉤織2段時，
  是分別挑針鉤織短針針頭的2條線。
  第3段‧第5段‧第7段：挑前段短針針頭內側的1條線。
  第4段‧第6段‧第8段：挑前二段短針針頭外側的另1條線。

鎖針（8針）

收針處 起針處

※挑鎖針束鉤織

Irish crochet

no.21 5cm×5cm   no.22 6cm×6.5cm

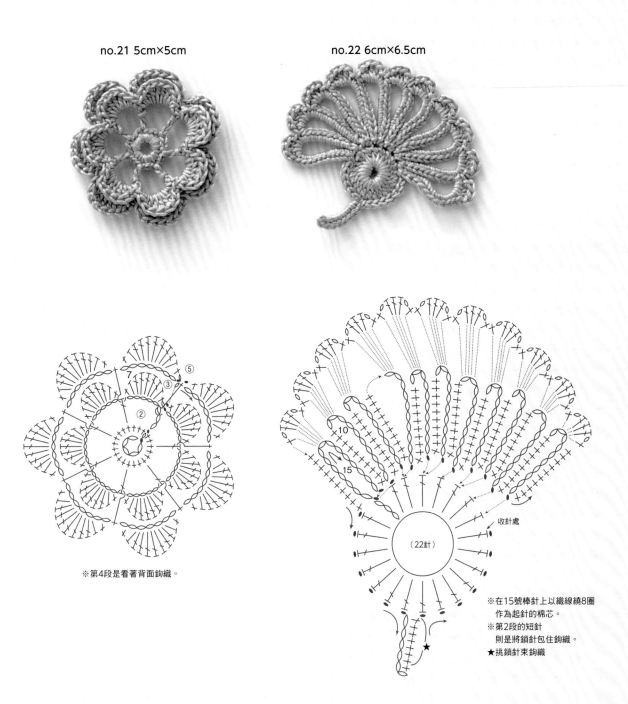

※第4段是看著背面鉤織。

（22針）

10

15

收針處

※在15號棒針上以織線繞8圈
　作為起針的棉芯。
※第2段的短針
　則是將鎖針包住鉤織。
★挑鎖針束鉤織

Irish crochet

no.23 10.5cm×9cm

組合方法
捲針縫
（6針）

果實
13顆

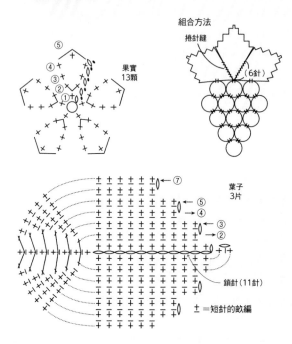

葉子
3片

① ← ⑦
② ⑤
③ ④

鎖針（11針）

± ＝短針的畝編

Irish crochet

Arrangement 拼接織片

富有存在感的愛爾蘭蕾絲領片，是讓人夢寐以求的
精緻飾品。雖然縫合織片非常耗時費力，然而一旦
完成，所有的辛苦都會消失得無影無蹤。織圖請見
P.119。

Arrangement of no. 2, 4 etc : Page 119
Gorgeous Irish lace collar is something
that we all adore. The work is more like
assembling rather than joining, but truly
rewarding.

Irish crochet

no.24 9cm×7cm

no.25 6cm×10cm

Irish crochet

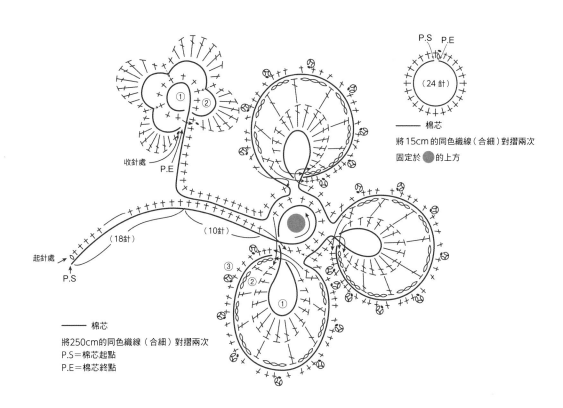

收針處

P.E

起針處

P.S

（18針）

（10針）

①
②
③

（24針）

―― 棉芯

將15cm的同色織線（合細）對摺兩次
固定於 ● 的上方

―― 棉芯

將250cm的同色織線（合細）對摺兩次
P.S＝棉芯起點
P.E＝棉芯終點

P.S　P.E

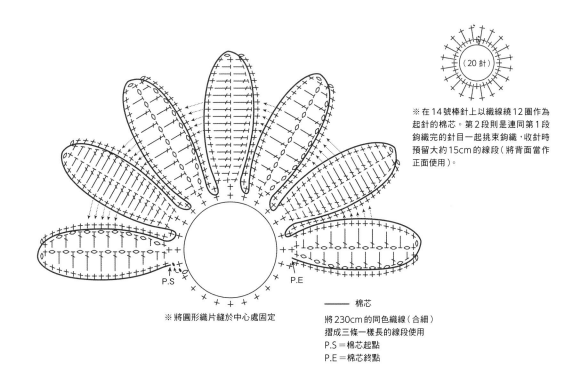

（20針）

※在14號棒針上以織線繞12圈作為
起針的棉芯。第2段則是連同第1段
鉤織完的針目一起挑束鉤織，收針時
預留大約15cm的線段（將背面當作
正面使用）。

P.S

P.E

※將圓形織片縫於中心處固定

―― 棉芯

將230cm的同色織線（合細）
摺成三條一樣長的線段使用
P.S＝棉芯起點
P.E＝棉芯終點

Irish crochet

no.26 7cm×7cm

no.27 4cm×3cm

no.28 9cm×9cm

Irish crochet

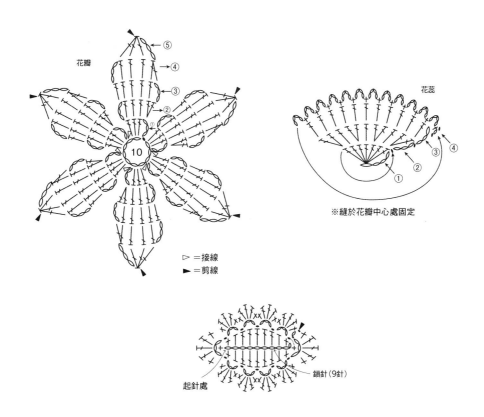

花瓣

⑤
④
③
②
①

10

▷ ＝接線
► ＝剪線

花蕊

④
③
②
①

※縫於花瓣中心處固定

起針處

鎖針(9針)

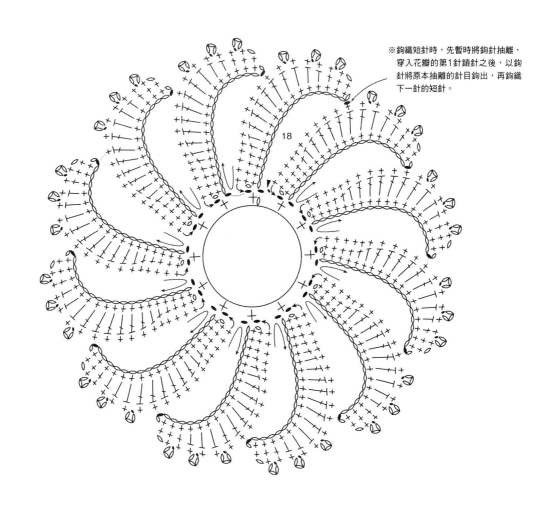

18

※鉤織短針時，先暫時將鉤針抽離，
穿入花瓣的第1針鎖針之後，以鉤
針將原本抽離的針目鉤出，再鉤織
下一針的短針。

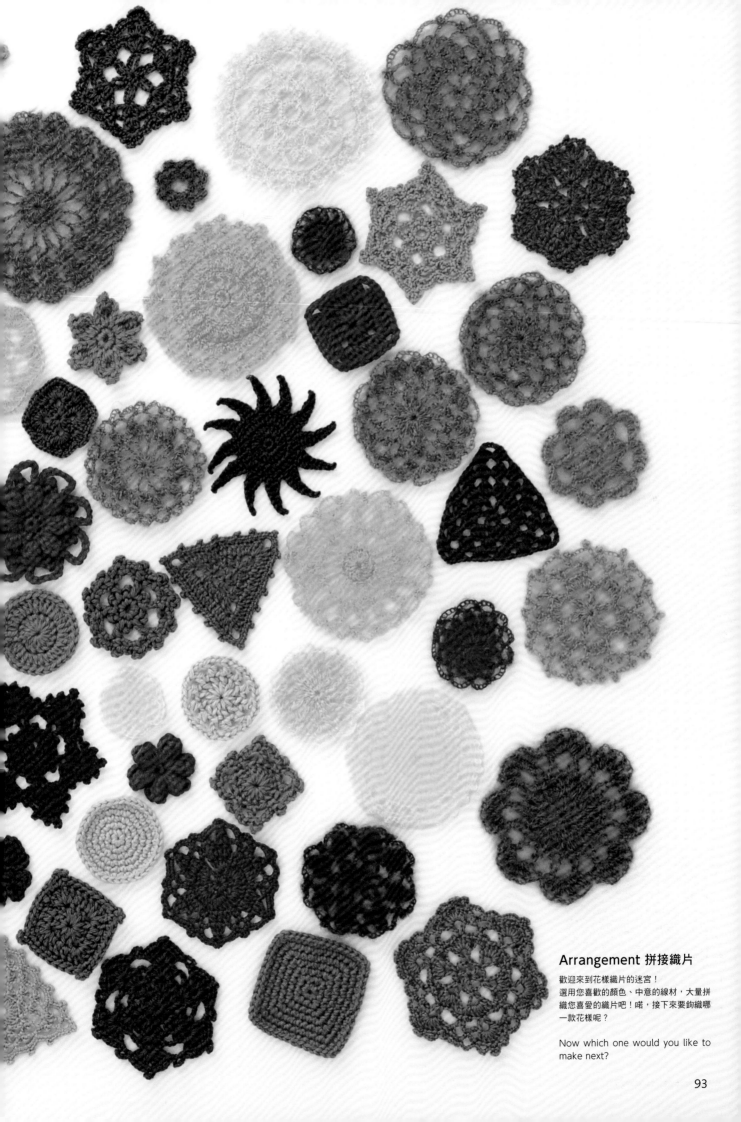

Arrangement 拼接織片

歡迎來到花樣織片的迷宮！
選用您喜歡的顏色、中意的線材，大量拼
織您喜愛的織片吧！咭，接下來要鉤織哪
一款花樣呢？

Now which one would you like to
make next?

Basic crochet

鉤針編織基礎針法

Basic crochet

起針

●鎖針起針

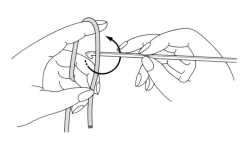

1 鉤針置於織線後方，鉤針依箭頭方向旋轉一圈，作出線圈掛在針上。

以拇指按住

2 以拇指與中指按住交叉處，鉤針依箭頭方向鉤住織線，完成掛線。

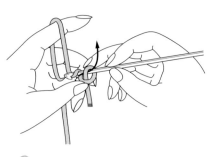

3 依箭頭方向鉤出織線。

拉緊

4 下拉線頭收緊針目。

5 完成最初的針目（起針），此針目不包含在針數內。接下來鉤針依箭頭方向掛線鉤出，鉤織起針段的鎖針針目。

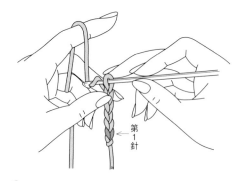

第1針

6 重複「鉤針掛線鉤出」的動作，鉤織必要針數。

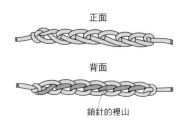

正面

背面

鎖針的裡山

7 圖示為鎖針正面與背面，請記住鎖針的裡山位置。

●在起針段挑針的方法

配合織片的花樣，挑針方法分為：在起針的鎖針裡山挑針，以及挑起針鎖針的半針與裡山，兩種鉤織方式。

[挑裡山1條線鉤織]

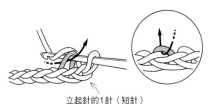

立起針的1針（短針）

1 鉤織立起針的1針鎖針，挑起針段的鎖針裡山，鉤織第1段的短針。

[挑半針與裡山鉤織]

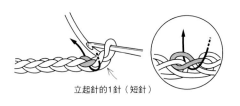

立起針的1針（短針）

2 鉤織立起針的1針鎖針，挑起針段的鎖針半針與裡山，編織第1段的短針。

Basic crochet

● 輪狀起針　起針的方法有兩種。織片中心密實，以手指繞線圈的方法；
織片中心處開孔，鉤鎖針接合成圈的方法。

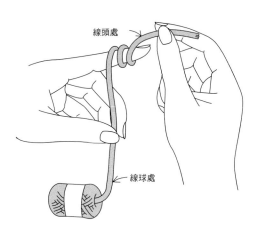

1　在手指上繞線兩圈。

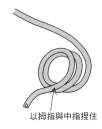

2　取下手指上的線圈，將線球處的織線掛於左
手上，以拇指和中指捏住線圈交叉點。

以拇指與中指捏住

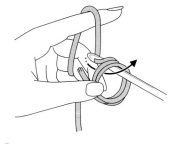

3　鉤針穿入線圈中，掛線鉤出織線。

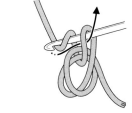

4　鉤針再次掛線鉤出織線，收緊針目。

5　完成最初的針目（起針），此針目不
計入針數。

[收緊線圈的方法]

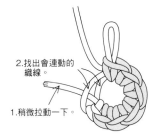

1　鉤織第1段後，隨即拉動線頭，
確認連動的織線。

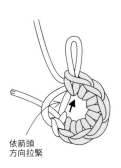

2　依箭頭方向拉緊會連動的織線，
將線圈收緊。

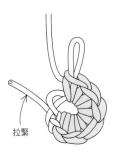

3　再次拉動線頭，完全收緊線圈。

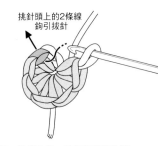

4　每一段的收緊，是將鉤針穿入第
1針針頭（鎖針狀）的2條線，
鉤引拔針結束。

● 鎖針接合成圈的輪狀起針

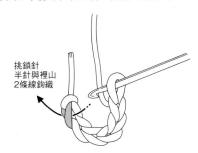

1　鉤織必要的鎖針數，在第1針的半針與
裡山穿入鉤針。

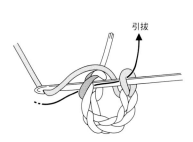

2　掛線鉤織引拔針。

3　完成鎖針的輪狀起針。

97

Basic crochet

針目記號與織法

○ [鎖針]

1 鉤針依箭頭指示方向掛線。

2 從針目中將線鉤出。

3 完成1針鎖針。

● [引拔針]

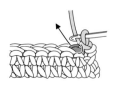 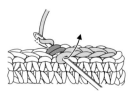

1 鉤針穿入前段針目中。

2 鉤針掛線，一次引拔針上所有針目，重複此步驟。

+（✕） [短針] JIS記號

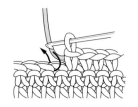  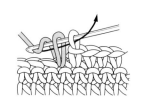 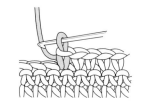

1 鉤針穿入前段針目的鎖狀針頭2條線。

2 鉤針掛線，將線鉤出後，再次掛線。

3 一次引拔2線圈。

4 完成1針短針。

T [中長針]

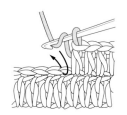 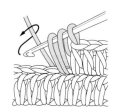 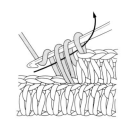 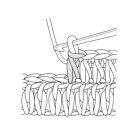

1 鉤針掛線，穿入前段針目的鎖狀針頭2條線。

2 鉤針再次掛線，將線鉤出。鉤針再掛線。

3 一次引拔鉤針上的3個線圈。

4 完成1針中長針。

Ŧ [長針]

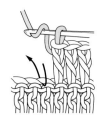   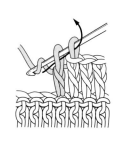

1 鉤針掛線，穿入前段針目的鎖狀針頭2條線中。

2 鉤針再次掛線，依箭頭方向將線鉤出。

3 鉤針再次掛線，依箭頭方向引拔2線圈。

4 再次掛線，依箭頭方向引拔針上2線圈，完成1針長針。

Basic crochet

Ŧ [長長針]

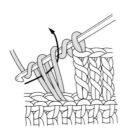

1 鉤針掛線2次，穿入前段針目的鎖狀針頭2條線中，將線鉤出。

2 鉤針掛線，依箭頭方向引拔鉤針上的前2個線圈。

3 鉤針掛線，依箭頭方向再次引拔鉤針上的前2個線圈。

4 鉤針再次掛線，一次引拔針上2線圈，完成1針長長針。

Ⱥ [2短針併針]

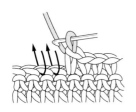
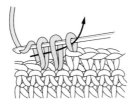

1 鉤針依箭頭方向穿入針目，將線鉤出，鉤織2針未完成的短針。

2 鉤針掛線，一次引拔鉤針上的3線圈。

3 完成2短針併針，亦即減1針的狀態。

Ŧ [三捲長針]

掛線3次

鉤針先掛線3次，再穿入前段針目的鎖狀針頭2條線中，將線鉤出。依長長針的要領，一次引拔針上2線圈，直到完成1針三捲長針。

Ⱥ [2長針併針]

未完成的長針　鎖1針　立起針的鎖3針　基底針目

1 在起針段的鎖針裡山挑針，鉤織1針未完成的長針。

將線鉤出

2 在下一針目挑針，同樣鉤織未完成的長針。

一次引拔　未完成的長針2針

3 鉤針掛線，一次引拔鉤針上的3線圈。

4 完成2長針併針，亦即減1針的狀態。

ⱴ [2短針加針]

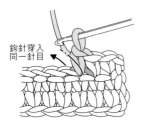
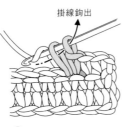
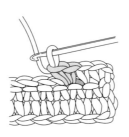

鉤針穿入同一針目

1 鉤織1針短針，接著在同一針目穿入鉤針。

掛線鉤出

2 再鉤織1針短針。

3 完成2短針的加針，亦即加1針的狀態。

ⱴ [2長針加針]

在起針段的鎖針裡山挑針，在1針裡織入2針長針，亦即加1針的狀態。

99

Basic crochet

ʓ [表引短針（在前 2 段的針目挑針鉤織）]

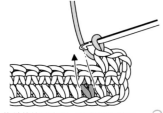

1 鉤針依箭頭方向，在表面的前二段針腳處橫向穿入。

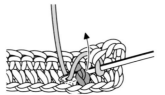

2 鉤針掛線鉤出，織線要稍微拉長。

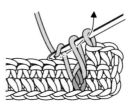

3 鉤針掛線，一次引拔鉤針上的2個線圈。

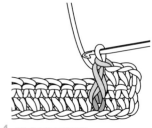

4 完成1針表引短針。

ʓ [裡引短針（在前 2 段的針目挑針鉤織）]

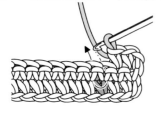

1 鉤針依箭頭方向，在背面的前二段針腳處橫向穿入。

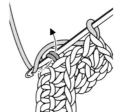

2 鉤針掛線鉤出，織線要稍微拉長。

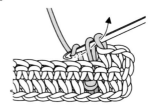

3 鉤針掛線，一次引拔鉤針上的2個線圈。

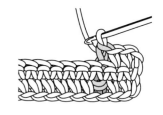

4 完成1針裡引短針。

士 [短針的筋編（環編的情況）]

1 鉤針穿入前段針目的外側半針，鉤織短針。

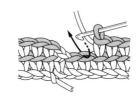

2 第2段鉤織方法同1。

3 正面的每段都會出現浮凸的條紋。

 [3 長針的玉針]

1 在起針段的鎖針裡山挑針，在1針裡織入3針未完成的長針。

2 鉤針掛線，依箭頭方向一次引拔4個線圈。

3 完成1針3長針的玉針。

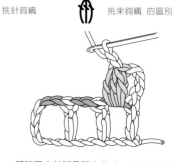

挑針鉤織　挑束鉤織 的區別

記號下方針腳呈閉合狀時，表示鉤針穿入前段的針目中鉤織；記號下方針腳呈開口狀時，表示鉤針直接從前段鎖針下方的空隙穿過，掛線鉤織（稱為挑束）。

Basic crochet

 [5 長針的爆米花針]

正面編織段

1　鉤織5針長針後，先將鉤針抽離，再由正面穿入第1針長針的針頭，由內側穿回原本抽離的針目。

收緊

2　依步驟1的箭頭方向將針上線圈鉤出，再鉤1針鎖針收緊針目，即完成1針爆米花針。

背面編織段

1　鉤針抽離後由外側穿入第1針長針的針頭，在內側穿回原本抽離的針目並鉤出。

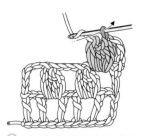

2　鉤1針鎖針收緊針目。如此一來，背面編織段的爆米花針同樣會在織片正面凸起。

 **[3 中長針的變化形玉針]**

1　在同一針目鉤織3針未完成的中長針。

2　鉤針掛線，依箭頭方向一次引拔鉤針上的6個線圈。

3　鉤針再次掛線，一次引拔針上的2個線圈。

4　確實收緊針目，完成3中長針的變化形玉針。

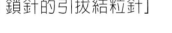 **[3 鎖針的引拔結粒針]**

挑2條線　　鎖3針

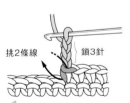

1　鉤織3針鎖針後，鉤針依箭頭方向挑短針針頭與針腳半針。

引拔

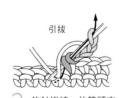

2　鉤針掛線，依箭頭方向一次引拔。

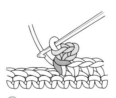

3　完成3鎖針的引拔結粒針。

[在鎖針上鉤織 3 鎖針的引拔結粒針]

鎖3針
鎖3針

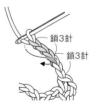

1　鉤織結粒針部分的3針鎖針，鉤針穿入倒數的第4針鎖針中。

引拔

2　鉤針掛線，一次引拔鉤針上的線圈。

[在棉芯上起針鉤織（短針）]

織線

棉芯

1　將棉芯對摺兩次，從中央的線圈中鉤出織線。

2　鉤針掛上織線，再次引拔。

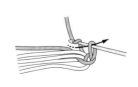

3　鉤織立起針的鎖針1針。

掛線

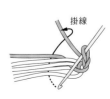

4　鉤針如圖所示，以挑束鉤織的要領掛上織線，將棉芯裹住鉤織。

引拔

5　鉤織短針。

Basic crochet

接合花樣織片的方法

●以引拔針接合

一邊鉤織織片,一邊在最終段的鎖針挑束鉤織引拔,接合相鄰織片的方法。
至於接合4片織片的交會點,則是在第2片織片與第1片引拔接合的針腳挑針,
鉤織引拔接合第3片、第4片。

在第 1 片織片上接合第 2 片

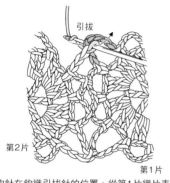

1　鉤針在鉤織引拔針的位置,從第1片織片表面穿入鎖針下的空隙(挑束)。

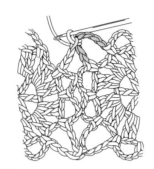

2　掛線後引拔。

接合第3片

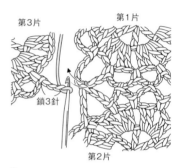

3　鉤針依圖示的箭頭方向,由第2片引拔針針腳上方穿入,挑2條線。

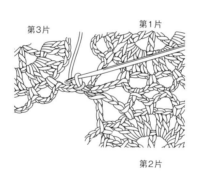

接合第4片

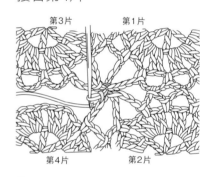

4　掛線後引拔。

5　3片接合完成。

6　第4片同樣是挑第2片引拔針針腳的2條線,以引拔針接合。

●以長針接合

將引拔針接合的部分改以長針拼接。接合時,先暫時將鉤針從織片上抽離,
將鉤針穿入接合處的長針針頭,藉由鉤出原本抽離的針目來接合織片。

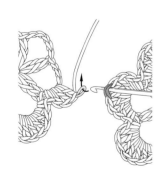

1　鉤針從第2片織片的針目抽離,穿入第1片長針的鎖針狀針頭2條線。

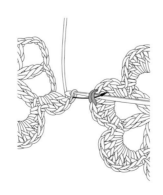

2　鉤針穿回第2片織片的針目,依箭頭方向從第1片長針的針頭中鉤出。

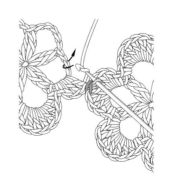

3　鉤針掛線,繼續鉤織第2片織片的長針。

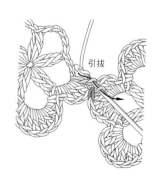

4　最後如圖示鉤織引拔,完成第1片的織片與長針針頭的接合。

Basic crochet

●以捲針縫接合　事先鉤好織片，並且累積到完成作品的必要數量，然後看著正面連續拼縫的方法。將織片排列成完成作品的模樣，縫針穿入同色織線，左手拿著織片，先橫向拼縫，再縱向拼縫織片。

[半針目的捲針縫]

橫向拼縫

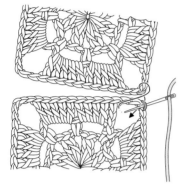

1　從角落的針目入針，依箭頭方向穿入縫針，
　　拉出縫線。

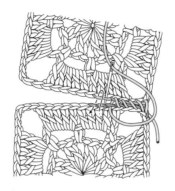

2　分別在兩織片的最終段挑半針，
　　1針對1針的拼縫接合。

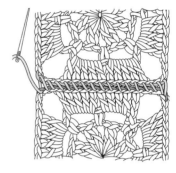

3　兩片拼接好之後，繼續拼縫下一組
　　織片。

4　接下來拼縫的兩織片，同樣分別在角落的
　　半針入針，開始拼縫接合。

縱向拼縫

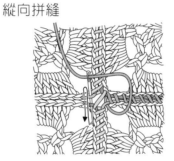

5　依相同要領縱向拼縫針目。

6　四織片的交會點呈現俐落的十字形。

[全針目的捲針縫]

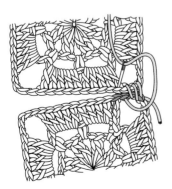

1　從角落的針目入針開始拼接，分別在兩織片的
　　最終段挑針頭2條線，1針對1針的拼縫接合。

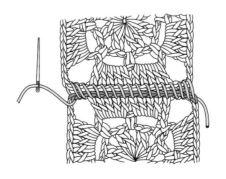

2　兩片拼接好之後，繼續拼縫下一組織片。

3　依相同要領縱向拼縫針目。交會點呈現
　　俐落的十字形。

Pattern

Arrangement 拼接織片

PAGE 9

使用線材／Puppy NEW 4PLY

（花樣織片拼接）

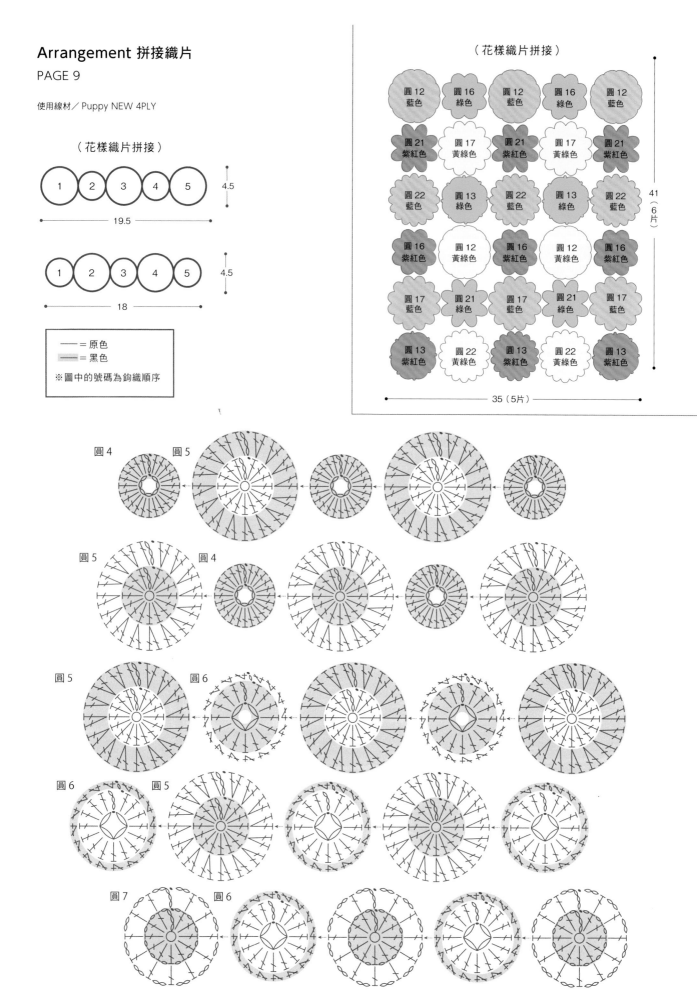

圓12 藍色	圓16 綠色	圓12 藍色	圓16 綠色	圓12 藍色
圓21 紫紅色	圓17 黃綠色	圓21 紫紅色	圓17 黃綠色	圓21 紫紅色
圓22 藍色	圓13 綠色	圓22 藍色	圓13 綠色	圓22 藍色
圓16 紫紅色	圓12 黃綠色	圓16 紫紅色	圓12 黃綠色	圓16 紫紅色
圓17 藍色	圓21 綠色	圓17 藍色	圓21 綠色	圓17 藍色
圓13 紫紅色	圓22 黃綠色	圓13 紫紅色	圓22 黃綠色	圓13 紫紅色

（花樣織片拼接）

41（6片）

35（5片）

（花樣織片拼接）

1　2　3　4　5　　4.5
19.5

1　2　3　4　5　　4.5
18

――― = 原色
――― = 黑色

※圖中的號碼為鉤織順序

Pattern

Arrangement
拼接織片
PAGE 15

使用線材／ Rich More MILD LANA

※拼接方法
▨▨的織片是在鉤織時，
於已完成的織片網狀編
鎖針部分鉤織引拔接合。

圓6

圓7

圓12

圓16

圓12

圓21

圓17

圓21

圓22

圓13

圓22

圓16

圓12

圓16

圓17

圓21

圓17

圓13

圓22

圓13

Pattern

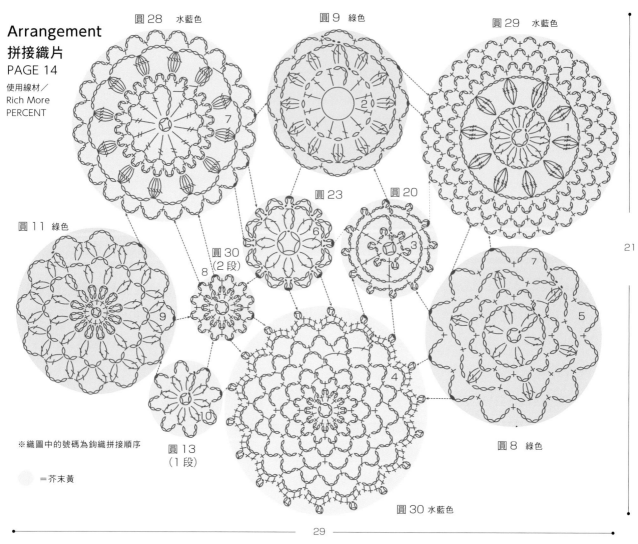

Arrangement
拼接織片
PAGE 14

使用線材／
Rich More
PERCENT

圓 28　水藍色
圓 9　綠色
圓 29　水藍色

圓 11　綠色
圓 23
圓 20
圓 30
(2 段)

圓 13
(1 段)

圓 8　綠色

圓 30　水藍色

※織圖中的號碼為鉤織拼接順序

　＝芥末黃

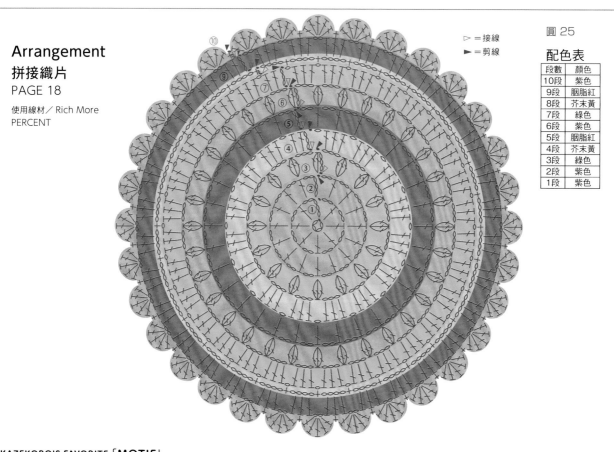

Arrangement
拼接織片
PAGE 18

使用線材／ Rich More
PERCENT

▷＝接線
►＝剪線

圓 25

配色表

段數	顏色
10段	紫色
9段	胭脂紅
8段	芥末黃
7段	綠色
6段	紫色
5段	胭脂紅
4段	芥末黃
3段	綠色
2段	紫色
1段	紫色

Pattern

圓 26　　▷ =接線　　▶ =剪線　　⬖ =3長長針的玉針　　—— =藍色
　　　　　　　　　　　　　　　　　　　　　　　　　　　　　　　　　　—— =淺褐色

Pattern

Arrangement 拼接織片

PAGE 21

使用線材／
Rich More MILD LANA
Puppy Kid Mohair Fine
Puppy Alpaca Rimisto

※織片配色請參考照片

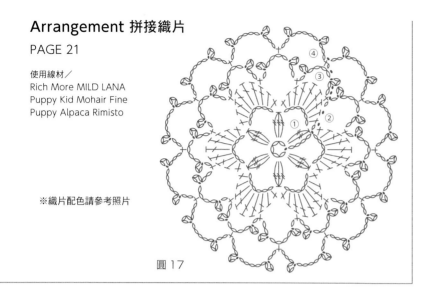

圓 17

四方 11
（ 花樣織片拼接 ）

9	8	7
6	5	4
3	7.5 2 / 7.5	1

↕ 22.5（3片）

↔ 22.5（3片）

※織片配色
第1～2段：拼接號碼
　奇數織片＝紅色
　偶數織片＝粉紅色
第3～4段：原色

Arrangement 拼接織片

PAGE 30

使用線材／ Rich More PERCENT

織片拼接方法　　　　　　　※織圖中的號碼為鉤織拼接順序

▷＝接線
►＝剪線

Pattern

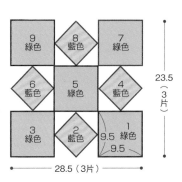

四方 32

（花樣織片拼接）

※織圖中的號碼為鉤織拼接順序

Arrangement 拼接織片

PAGE 30

使用線材／Rich More PERCENT

四方 32

四方 32（4段）

Arrangement 拼接織片

PAGE 33

使用線材／Puppy QUEEN ANNY

（花樣織片拼接）

10	9	3	2	1

90（10片）

9

織片配色

4段	D色
3段	C色
2段	B色
1段	A色

▷＝接線
►＝剪線

※可依個人喜好
選色鉤織

四方 14

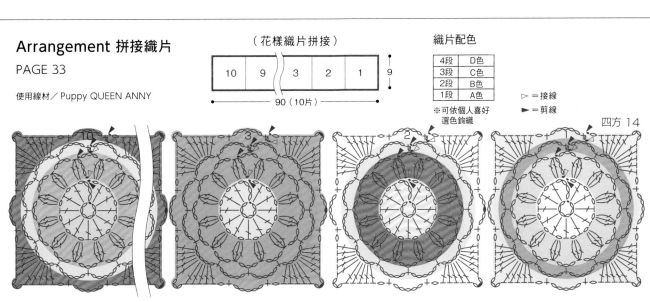

Pattern

Arrangement
拼接織片
PAGE 31

使用線材／Puppy Kid Mohair Fine
Rich More MILD LANA

四方 13
（花樣織片拼接）

※織片配色
　1 · 2段＝指定色
　3 · 4段＝原色
※織圖中的號碼為鉤織拼接順序

抹茶色 5	紫紅色 10	水藍色 15	紫色 20
藍綠色 4	淺黃綠 9	橘色 14	藍色 19
水藍色 3	紫色 8	黃綠色 13	粉紅色 18
橘色 2	藍色 7	抹茶色 12	紫紅色 17
黃綠色 8.5 / 1 / 8.5	粉紅色 6	藍綠色 11	淺黃綠 16

42.5
（5片）

34（4片）

▷＝接線
►＝剪線

Pattern

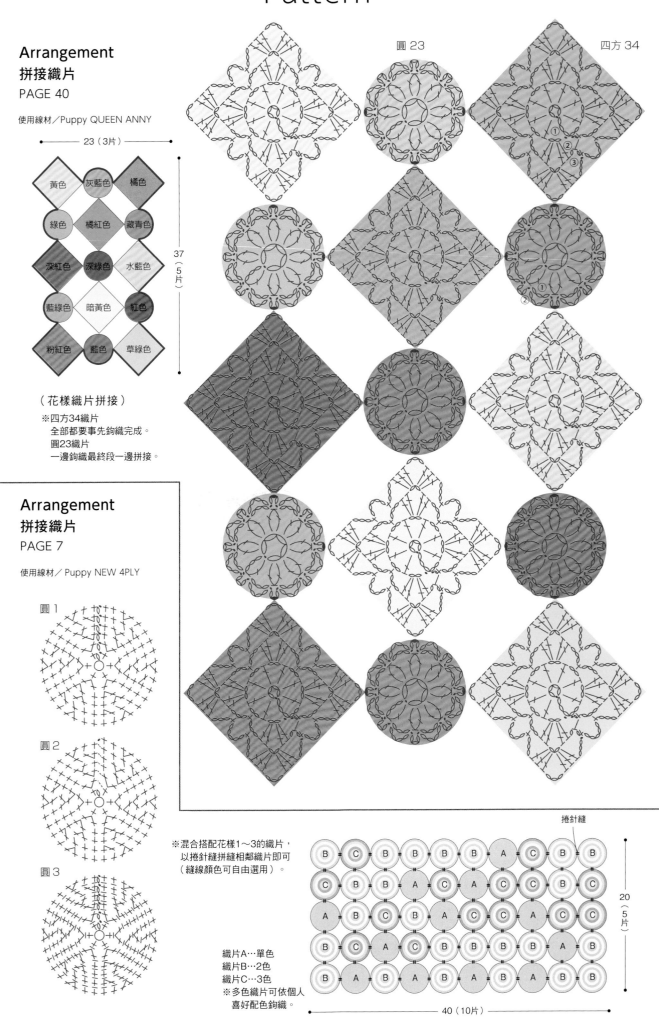

Arrangement
拼接織片
PAGE 40

使用線材／Puppy QUEEN ANNY

• 23（3片） •

黃色	灰藍色	橘色
綠色	橘紅色	藏青色
深紅色	深綠色	水藍色
藍綠色	暗黃色	紅色
粉紅色	藍色	草綠色

37（5片）

（花樣織片拼接）

※四方34織片
　全部都要事先鉤織完成。
　圓23織片
　一邊鉤織最終段一邊拼接。

圓23　　　四方34

Arrangement
拼接織片
PAGE 7

使用線材／Puppy NEW 4PLY

圓1

圓2

圓3

※混合搭配花樣1～3的織片，
　以捲針縫拼縫相鄰織片即可
　（縫線顏色可自由選用）。

捲針縫

B	C	B	B	B	B	A	C	B	B
C	B	B	A	C	B	C	C	B	C
A	B	C	B	B	C	C	A	C	C
B	C	A	C	B	B	B	B	A	B
B	A	B	A	B	A	B	A	B	B

20（5片）

40（10片）

織片A…單色
織片B…2色
織片C…3色
※多色織片可依個人
　喜好配色鉤織。

Pattern

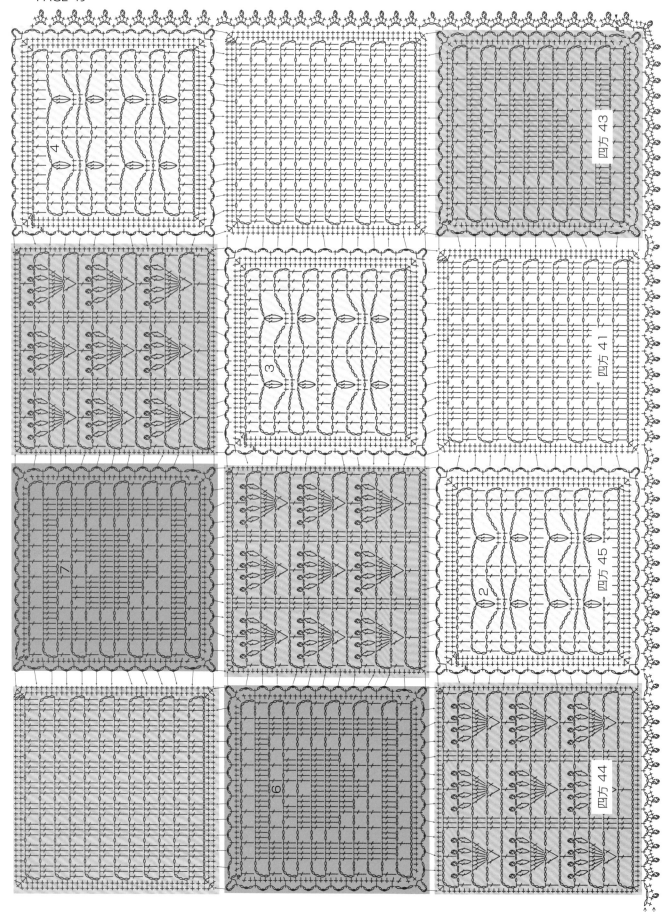

Pattern

Arrangement 拼接織片

PAGE 49 成品

使用線材／Rich More PERCENT

四方 41 · 43 · 44 · 45

（花樣織片拼接）

※四方41、四方44：事先鉤織完成必要數量。
　四方43、四方45：一邊鉤織最終段一邊拼接。

　四方41　原色 2片
　　　　　粉紅色 6片
　　　　　紅色 4片
　四方44　酒紅色 4片
　　　　　暗粉色 6片
　　　　　原色 2片

※圖中的號碼為鉤織拼接順序

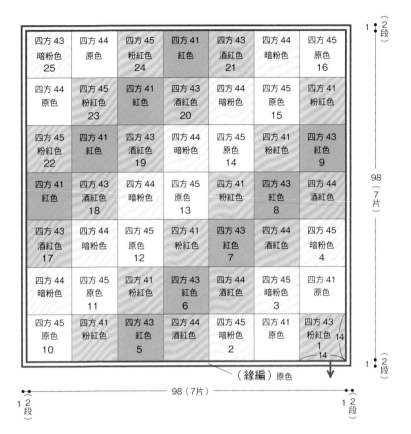

四方43 暗粉色 25	四方44 原色	四方45 粉紅色 24	四方41 紅色	四方43 酒紅色 21	四方44 暗粉色	四方45 原色 16
四方44 原色	四方45 粉紅色 23	四方41 紅色	四方43 酒紅色 20	四方44 暗粉色	四方45 原色 15	四方41 粉紅色
四方45 粉紅色 22	四方41 紅色	四方43 酒紅色 19	四方44 暗粉色	四方45 原色 14	四方41 粉紅色	四方43 紅色 9
四方41 紅色	四方43 酒紅色 18	四方44 暗粉色	四方45 原色 13	四方41 粉紅色	四方43 紅色 8	四方44 酒紅色
四方43 酒紅色 17	四方44 暗粉色	四方45 原色 12	四方41 粉紅色	四方43 紅色 7	四方44 酒紅色	四方45 暗粉色 4
四方44 暗粉色	四方45 原色 11	四方41 粉紅色	四方43 紅色 6	四方44 酒紅色	四方45 暗粉色 3	四方41 原色
四方45 原色 10	四方41 粉紅色	四方43 紅色 5	四方44 酒紅色	四方45 暗粉色 2	四方41 原色	四方43 粉紅色 1 / 14

1（2段）　98（7片）

98（7片）

（緣編）原色

1（2段）

Arrangement 拼接織片

PAGE 53

使用線材／Puppy PRINCESS ANNY

多角4　紅色 3片
　　　　綠色 2片

※將原色與紅色交互放置，
　對齊後以捲針縫拼縫（白色部分）。

綠色　　紅色
捲針縫
20（5片）
6.5

多角2
第2段…紅色
第1段…原色　7片

▷ =接線
▶ =剪線

半針目的捲針縫（藏青色）
12.5
11.5

三角1
綠色 3片
原色 1片

捲針縫（紅色）
綠色　原色
11
10

三角3
原色 3片
紅色 3片

※將原色與紅色交互放置，
　對齊後以捲針縫拼縫（綠色部分）。
原色　紅色
捲針縫
9.5
10.5

Pattern

Arrangement 拼接織片

PAGE 58

使用線材／Rich More PERCENT
　　　　　Rich More EXCELLENT MOHAIR〈COUNT 10〉

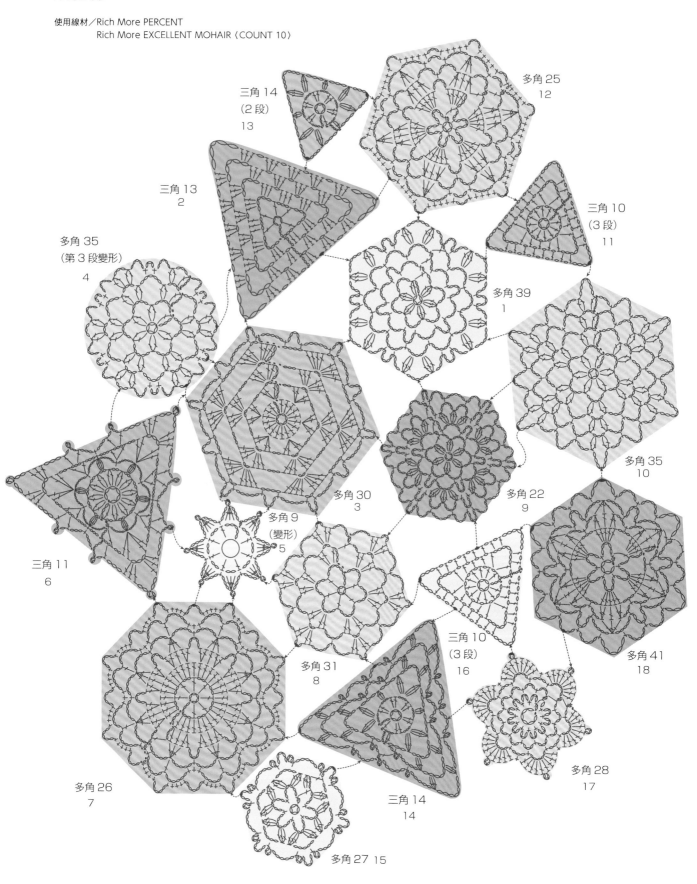

三角 14
（2 段）
13

多角 25
12

三角 13
2

三角 10
（3 段）
11

多角 35
（第 3 段變形）
4

多角 39
1

多角 35
10

三角 11
6

多角 30
3

多角 22
9

多角 9
（變形）
5

多角 41
18

三角 10
（3 段）
16

多角 31
8

多角 28
17

多角 26
7

三角 14
14

多角 27 15

Pattern

Arrangement 拼接織片

PAGE 59

使用線材／Puppy Cotton Kona Fine

三角16 （花樣織片拼接）

19

22

※織圖中的號碼為鉤織拼接順序

葉片　綠色　18片

起針處

※葉片要事先鉤織完成，
再接縫於第4段花瓣的
背面。

※配色
第1～4段：深粉紅色
第5～7段：粉紅色
緣編：粉紅色
葉片：綠色

織片 6片

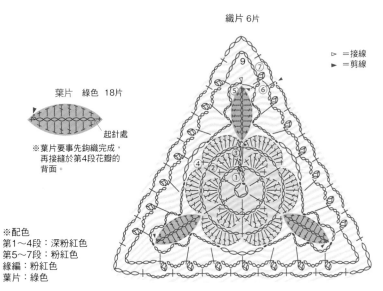

▷ ＝接線
► ＝剪線

※第3段是看著背面鉤織

織片拼接方法＆緣編

緣編①

※緣編是鉤完第6片織片的
最終段後接續鉤織。

Pattern

Arrangement 拼接織片

PAGE 64

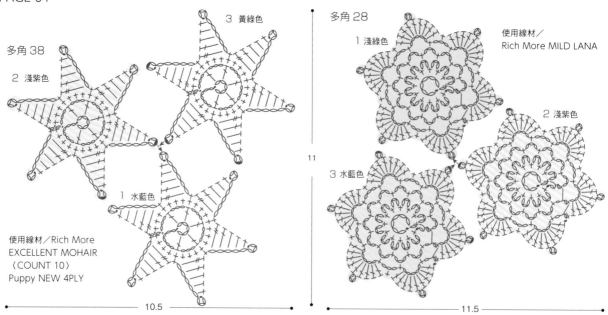

多角 38

2 淺紫色

3 黃綠色

1 水藍色

使用線材／Rich More
EXCELLENT MOHAIR
〈COUNT 10〉
Puppy NEW 4PLY

多角 28

1 淺綠色

2 淺紫色

3 水藍色

使用線材／
Rich More MILD LANA

10.5

11.5

11

※圖中的號碼為鉤織拼接順序

Arrangement 拼接織片

PAGE 65

使用線材／
Olympus Emmy Grande
Puppy NEW 4PLY
Rich More PERCENT
Rich More
EXCELLENT MOHAIR
〈COUNT 10〉
※取單線或雙線編織

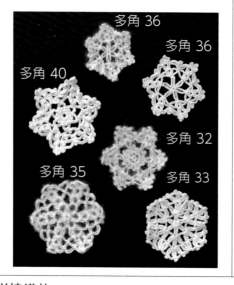

多角 36

多角 36

多角 40

多角 32

多角 35

多角 33

多角 21　使用線材／Rich More EXCELLENT MOHAIR〈COUNT 10〉
Puppy Kid Mohair Fine

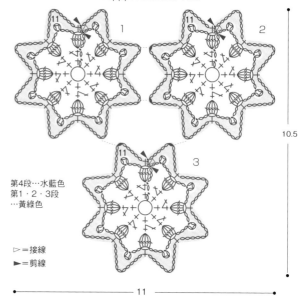

1

2

3

第4段…水藍色
第1・2・3段
…黃綠色

▷＝接線
▶＝剪線

10.5

11

Arrangement 拼接織片

PAGE 55

使用線材／Rich More PERCENT

※配色請參考照片

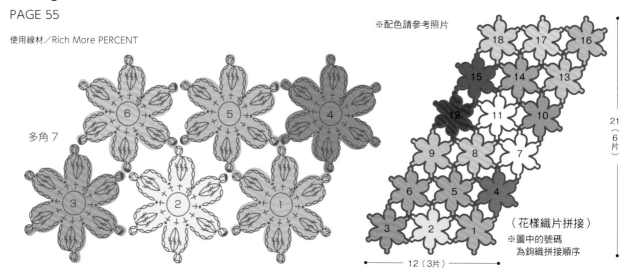

多角 7

（花樣織片拼接）
※圖中的號碼
為鉤織拼接順序

21
（6片）

12（3片）

Pattern

Arrangement 拼接織片

PAGE 72

使用線材／Olympus Emmy Grande

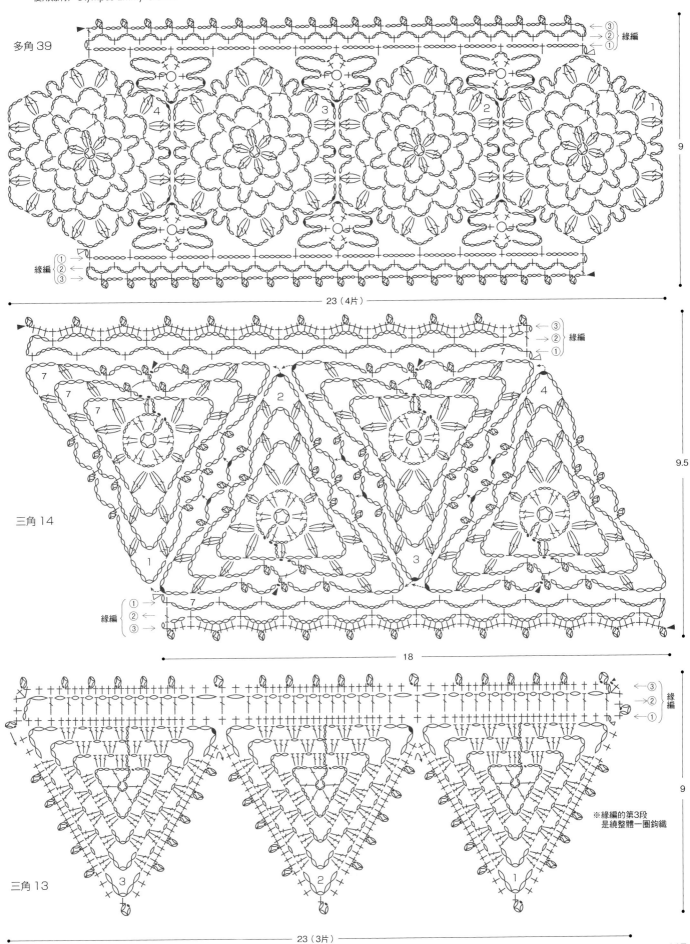

多角 39

三角 14

三角 13

※緣編的第3段
是繞整體一圈鉤織

117

Pattern

Arrangement 拼接織片

PAGE 41

使用線材／Rich More PERCENT

四方 36　60片

織片配色

5段	E色
4段	D色
3段	C色
2段	B色
1段	A色

※可依個人喜好
選色鉤織

▷＝接線　　►＝剪線

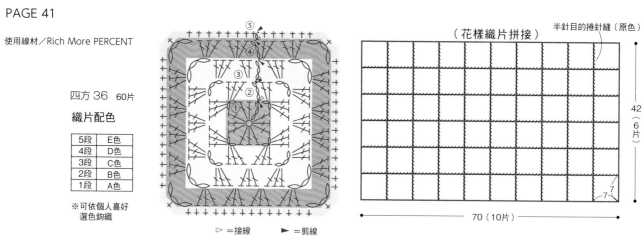

（花樣織片拼接）

半針目的捲針縫（原色）

42
（6片）

70（10片）

Arrangement 拼接織片

PAGE 73

使用線材／Puppy Cotton Kona Fine

多角 18

緑色　　　紫色

2.5

多角 27　　▷＝接線　　►＝剪線

②①緣編

5

23（5片）

多角 17

8

Pattern

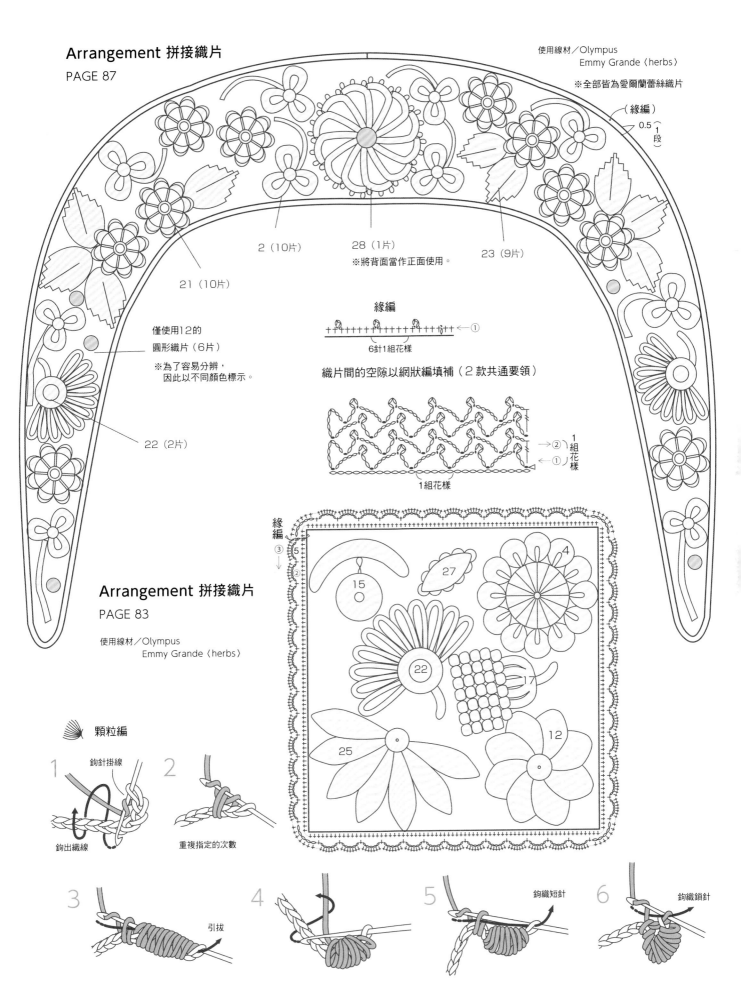

Arrangement 拼接織片

PAGE 87

使用線材／Olympus
Emmy Grande〈herbs〉

※全部皆為愛爾蘭蕾絲織片

（緣編）
0.5 1段

2（10片）

28（1片）

23（9片）

21（10片）

※將背面當作正面使用。

僅使用12的
圓形織片（6片）

※為了容易分辨，
因此以不同顏色標示。

22（2片）

緣編

6針1組花樣 ←①

織片間的空隙以網狀編填補（2款共通要領）

→②1組花樣
←①

1組花樣

Arrangement 拼接織片

PAGE 83

使用線材／Olympus
Emmy Grande〈herbs〉

顆粒編

緣編
③
②

5
15
27
4
22
17
25
12

1
鉤針掛線
鉤出織線

2
重複指定的次數

3
引拔

4

5
鉤織短針

6
鉤織鎖針

國家圖書館出版品預行編目資料

風工房のMOTIF：美麗嚴選.織片花樣150款 / 風工房著；
彭小玲譯. -- 初版. -- 新北市：雅書堂文化, 2014.04
　　面；　公分. -- (愛鉤織；28)
　　ISBN 978-986-302-169-8 (平裝)

1.編織 2.手工藝
426.4　　　　　　　　　　　　　　　103003910

KAZEKOBO　風工房

大學進入武藏野美術大學學習舞台美術設計。20幾歲時，首次在《毛糸だま》雜誌發表作品後，陸續在眾多手藝雜誌上刊載作品。從纖細的蕾絲編織到運用多色鉤織花樣，以多元創作的手作人身分活躍於第一線。近年來更是不侷限於日本國內，將創作活動範圍擴大到歐美。著作／《麗しのレース》《風工房のクロッシェレース》《風工房の小さなクロッシェレース》《風工房のフェアアイルニット》《はじめてのクロッシェレース》等（以上皆為日本VOGUE社出版）。

Staff
攝　　　影／森谷則秋
書籍設計／寺山文惠
織　　　圖／まつもとゆみこ　北原祐子
編輯協力／中村洋子　西堀まどか　西村知子
製　　　作／須藤晃代　小原登美子
執行編輯／小林美穗
責任編輯／毛糸だま編輯部 曾我

【Knit・愛鉤織】28

風工房のMOTIF　美麗嚴選・織片花樣150款

作　　　者／風工房
譯　　　者／彭小玲
發 行 人／詹慶和
總 編 輯／蔡麗玲
執行編輯／蔡毓玲
編　　　輯／劉蕙寧・黃璟安・陳姿伶
執行美編／陳麗娜
美術編輯／李盈儀・周盈汝
內頁排版／造極
出 版 者／雅書堂文化事業有限公司
發 行 者／雅書堂文化事業有限公司
郵撥帳號／18225950
戶　　　名／雅書堂文化事業有限公司
地　　　址／新北市板橋區板新路206號3樓
電　　　話／（02）8952-4078
傳　　　真／（02）8952-4084
網　　　址／www.elegantbooks.com.tw
電子郵件／elegantbooks@msa.hinet.net

2014年04月初版一刷　定價380 元

KAZE KOBO NO OKINIIRI MOTIF 150 (NV70093)
Copyright©2011 KAZE KOBO / NIHON VOGUE-SHA
All rights reserved.
Photographer: Noriaki Moriya
Original Japanese edition published in Japan by Nihon Vogue Co., Ltd.
Traditional Chinese translation rights arranged with Nihon Vogue Co,.Ltd.
through Keio Cultural Enterprise Co., Ltd.
Traditional Chinese edition copyright©2014 by Elegant Books Cultural
Enterprise Co., Ltd.

總經銷／朝日文化事業有限公司
進退貨地址／新北市中和區橋安街15巷1號7樓
電話／(02) 2249-7714　　傳真／(02) 2249-8715
星馬地區總代理：諾文文化事業私人有限公司
新加坡／Novum Organum Publishing House (Pte) Ltd.
20 Old Toh Tuck Road, Singapore 597655.
TEL：65-6462-6141　　FAX：65-6469-4043
馬來西亞／Novum Organum Publishing House (M) Sdn. Bhd.
No. 8, Jalan 7/118B, Desa Tun Razak, 56000 Kuala Lumpur, Malaysia
TEL：603-9179-6333　　FAX：603-9179-6060